画说海战

名家经典·兵器交锋系列

3

徐焰 著

SPM
南方出版传媒
广东经济出版社
—广州—

序

——回顾往昔海战

国运系于大洋

早在4000多年前，古埃及人便有了繁忙的水运，后来在此基础上建立了海军舰队。

人类生活的地球，面积的71%是海洋，那里有丰富的资源和便捷的交通航线。古人虽然最早生活在地面，但是他们从原始社会末期就开始造舟航海。战争出现后，交锋范围也很快从陆地扩展到海上，早在4000多年前，古埃及就建立起海上舰队，波涛翻滚的洋面也成为国家之间厮杀的格斗场，让人惊心动魄也回味无穷。

公元前480年，雅典舰队取得萨拉米海战胜利。画中描绘了那时的作战场面——希腊战舰（左）向波斯战船（右）猛冲，士兵互相投掷标枪和射箭。

海军强弱和海战胜败关乎国运

欧洲、亚洲和非洲之间的地中海，周边诞生了世界的几大文明古国，如古埃及、古希腊、迦太基、罗马等，利益交会和航道争夺使那里成了古代木船时代最早的海战场。作为西方文明发源地的希腊由爱琴海边的许多岛屿和半岛构成，罗马帝国的中心——意大利也是一个狭长半岛，地理环境使他们把控制海洋和航道视为生存基础，舰队和海战决定着自身的兴衰。古罗马哲学家西塞罗曾经说过："谁控制了海洋，谁就控制了世界。"

古代一些重要海战改变过某些国家的命运，也决定了人类文明的走向。如古希腊与波斯的战争，最终以公元前480年的雅典舰队取得

表现1805年英国舰队击败法国、西班牙舰队的特拉法加海战的油画。

萨拉米海战胜利为结局。希腊人粉碎了其视为“野蛮人”的波斯军，避免了国民战败后被卖为奴隶的命运，也保住了西方文明的根。后来罗马舰队打败了原来的海上头强迦太基船队，才有了后来罗马帝国的兴盛。1571年基督教联合舰队与奥斯曼帝国舰队在地中海上的勒班陀展开海上决战，终结了土耳其向中欧的扩张，保护了欧洲的文艺复兴运动。1588年英国海军打败西班牙的“无敌舰队”，影响世界300年的大英帝国从此开始兴起。

进入近代工业革命时代后，海战成败更决定着大国兴衰。1805年英国在特拉法加海战中打垮了法国舰队，这使英国解除了拿破仑登陆入侵的威胁，并奠定了对法战争胜利的基础。1894年清朝的北洋舰队在甲午战争中覆没，中国失去了东亚大国地位并加深了半殖民地化程度。日本获胜使自身实力急剧膨胀，接着又打败吨位居世界第四的俄国海军，就此跻身世界列强之一。此时美国的马汉提出了“海权论”，使列强们迷信制海权决定全球霸权。

提出“海权论”的美国人马汉的油画像。

20世纪上半叶发生的两次世界大战，都是以陆战为主，最后靠地面交锋决定胜负，这在某种程度上否定了马汉的“海权论”。不过第一次世界大战中德国在陆战中的失败，很大程度上也是因海上封锁造成其资源枯竭。第二次世界大战中美国和英国控制东西方两个战场的制海权，也使德国受到很大牵制并使日本因海运断绝陷入绝望困境。苏联在第二次世界大战中成为头号陆军强国，战后不久又重点发展海军，并同美国展开长期的竞赛争霸，也是看到海洋的战略价值。

冷战结束后，美国一超独霸，其以航空母舰为核心的舰队巡行各大洋，各国对海洋权益的争夺和维权斗争仍十分激烈，下一步新资源开发的重点也由陆地转向海洋。

工业化和科技水平决定海军强弱

国家间的暴力从来是政治愿望的表现，技术条件决定战争手段。舰艇的制造需要一定的产业基础，古代制造战船就需要木工、刀斧冶炼、篷帆织造这一系列工艺，近现代生产舰艇更需要具备钢铁、机械、航电和枪炮、导弹等领域的工业和科技能力。

看一看海战史，那就是一部人类工艺和科技进步的历史。早期陆战经常可以靠单兵格斗，海战从一开始就需要有良好组织和众多人协调。古代海上交锋虽然没有高科技，却需要划船手、擂鼓手、弓箭手等配合作战。近现代战舰更是一部极其复杂的机器，需要掌握水文气象、轮机运作、枪炮操控、电讯联络、雷达侦测等各领域能力，缺一环都玩不转。

古往今来，海战场面都非常壮观，就因为它是交战者技术、指挥艺术和勇气的综合比拼。

回想冷兵器时代，海洋上驰骋的木战船靠人力和风力驱动，鼓声、号子声、桨声、风声交织在一起，气势恢宏。那时的战舰交战犹如公牛决斗，双方以舰首互撞，士兵或用弓弩对射，或用带铁钩的长杆钩住敌船，再手持长矛、大刀、盾牌以跳帮方式冲上敌船厮杀。由于古时战船都是木制，水战时又经常采取火攻，将绑上燃烧物的弓箭射向敌船，或靠舷后投去火油，使海面上烈火熊熊，出现古诗中“樯橹灰飞烟灭”的场面。

进入热兵器时代即枪炮时代后，大吨位的风帆战列舰一度成为各国争夺海上霸权的核心力量，舷侧炮成为舰上主要武器。军舰上的火炮射程越来越远，爆破弹更让木质战舰变得不堪一击。19世纪出现了铁甲舰，以蒸汽机和螺旋桨代替风帆成为战舰的主要动力装置，铁甲取代木材成为战舰的新“战袍”。通过将动力、火力和装甲防御力结合起来，铁甲舰充当了海战主角。如甲午战争期间中日舰队海战、日俄的对马海战直至第一次世界大战中的英德双方的海上决战，都是以“铁甲加巨炮”的交锋作为主旋律。

进入20世纪后，人类科技的飞速进步又不断改变海战形态，使其由平面化变为立体化。潜艇参战使水下也成为战场，飞机攻击逐渐成为水面舰艇的最大威胁。在第二次世界大战中，德国强大的战列舰“俾斯麦”号首次出战就在英国舰、机联合攻击下覆没，美国太平洋舰队的8艘

描绘古希腊海战的这幅油画，表现出当时的海战需要划桨手、弓箭手和标枪手的严密组织协同。

1862年美国南北战争时出现的最早的铁甲战舰交战的画面。

战列舰在珍珠港内瞬间就被日本舰载机投下的炸弹和鱼雷击沉或炸坏，随后日本最大的战列舰“武藏”号和“大和”号也被美军航母上的飞机炸沉，这都标志着海上“大炮巨舰决战”的观念破产，航空母舰取代战列舰成为新的海战王牌。不过被称为“海上狼群”的德国潜艇对盟国海上交通的巨大威胁也说明，潜艇造价低廉，建造周期快，在丧失了海空控制权之后因其隐蔽性能好仍能给强敌以重创并形成威慑。

在工业化时代，只有具备完整工业体系的强国才能独立建造军舰，农业国只能买军舰。号称“日不落”的大英帝国能称雄世界各大洋，就靠当年的工业化水平全球第一。美国在20世纪成为头号工业强国，海军头号强国的交椅便转交到“山姆大叔”之手。

高科技呼唤高质量海战人才

1945年美国向日本投下两颗原子弹，宣告人类战争进入核子时代。原子弹、氢弹的毁灭性威力使各核大国都不能轻易使用它，冷战期间及其结束后没有出现大规模海战。不过世界上许多国家的海军在准备新战争时又发展了新技术，并在一些局部战争中予以展示。如1967年埃及首次使用反舰导弹击沉了以色列的驱逐舰，标志着海战划时代的改革到来。1982年的马岛海战又是第二次世界大战后最著名的一场海战，导弹攻击成了打击军舰的主要手段。这次海战的重要意义就是它标志着单纯海战已经成为历史，海上交锋已同空、天、电磁领域的斗争融为一体。

表现德国战列舰“俾斯麦”号首次出战便遭受英国舰、机联合攻击的油画。

进入21世纪后，海军战术的发展和新舰艇的建造日新月异。随着信息化时代的到来，战舰在火力、智能、精确、迅捷等方面出现了巨大革新，卫星、预警机、无人机制导下的远程精确打击将成为海战的新形式，舰艇的隐形化、遥控化和采用激光、电磁等武器也会是海军建设的新亮点。

随着以导弹为代表的超视距精确打击武器的兴起，尤其是它在第四次中东战争中的出色表现，让世人认识到了电子对抗的重要性。1982年的英阿马岛海战中，英国舰队的获胜在于他们在电子、信息对抗中拥有优势，英国舰队利用侦察卫星定位目标并扩大打击范围，而阿根廷军舰却如聋似瞎难以出海。进入信息化时代后，海军的信息化水平将决定其强弱。

简单地概括一下，传统海战如同近距离“角力”，现代海战则像远距离“点穴”。近代的舰队司令要站在旗舰上用望远镜指挥，现代的海军指挥员则是在电子屏幕上一决胜负。

作战舰艇是国家“逐鹿”海洋的利器，但起决定作用的还是熟悉海洋特点的高素质的人才。在古代海战中，水军的战斗技能主要靠长年漂泊洋面的经验来获得 因此一些生活在海边的民族具有天然的海上力量优势。近现代战争中的官兵主要靠正规训练，而海军的技术复杂性使这种训练特别漫长。在20世纪前期的军训规律是：训练出一个步兵排长需要1年，训练出一个飞行员要3年，训练出一个成熟的舰长需要10年。

第二次世界大战前后世界军界流行一句俗语：3年建陆军，10年建空军，20多年建海军。这是因陆军编组较为容易，一个刚入伍的士兵扛上枪就可以作战；空军培训飞行员费时费力，飞机的研究制造、机场和指挥中心的建设需要很长时间。而建立一支真正有战斗力的海军，至少需要20年以上的时间，因其对物质条件的要求更高，战舰建造缓慢（如航空母舰等大舰建造周期要几年），而且还需循序渐进由一支小规模的舰队逐步扩大。

如今，随着信息技术的不断发展，未来海战更需要精通信息技术的高端人才。国防的基础又存在于人民群众之中，想打赢海战就需要更多的人了解海战。军事斗争自然需要“硬实力”即钢铁舰艇的厮杀，同时还需要“软实力”，包括精神面貌、作战指导艺术等，了解历史经验正是丰富智慧的最好办法。热爱海洋和希望中国发展强大海军的人，也应该了解过去的海战史，并通过历史走向未来。

目录

画说海战

第 壹 章

冷兵器时代
以撞击、弓刀打海战

人类最早的战争是冷兵器战争，主要靠体力交锋（有时也利用一些畜力和自然力），靠臂力杀伤敌人。世界上最早的海战，由人乘木船在近距离接舷后用弓箭和刀矛相互厮杀，实际上就是地面格斗在水面上的体现。不过，参战者通过海战实践，大量使用燃烧物，战船出现了撞击、火攻等方式，因此古代海战实际是古代科技水平在海上的较量。

古埃及建立最早的海上舰队

木质船舶是人类最古老的水上运输工具，远在1万年前的新石器时代，人类就利用火与石斧制造独木舟，后来用木材制造较大的木船，为驱动它航行又先后发明了篙、帆、短桨和长桨。早期木船既用来运输物资，一些古国又利用它渡海作战，这就出现了海战的萌芽。

人类早期海战史，出现在地中海边，埃及是有记载的最早建立舰队的国家。据考古学家发掘，在濒临地中海的土地富饶的尼罗河三角洲，公元前3500年至公元前3100年就进入了阶级社会，有了最早的王朝。在古王国时期，埃及就能造出双桅甚至三桅大船，公元前2500年左右修建宏大的金字塔时就用大量木船从上游运来石料，并通过海路运来木材。在胡夫金字塔内，有2条各长32.5米的木船，全用黎巴嫩杉木制成，船中建有舱房，

木帆船时代的冷兵器海战，基本上是将陆上格斗搬用到海上作战，交战双方的战船相互靠近后，用冷兵器厮杀。这幅画表现了希腊远征舰队同叙拉古军战斗的画面。

描绘古埃及面貌的画作，从中可看出当时的尼罗河三角洲已有繁荣的航运业。

接榫亦极完密。这种船航行时有风便升帆，无风就以数十名桨手划动。

古王国时期的埃及因外部有敌对部落，除建立步兵为主的陆战部队外，也建立了两支舰队，一支在地中海边，一支在红海边。那时没有苏伊士运河，他们的船只相互不能航行沟通，只能各挡一面，执行对外运兵打仗、抓捕奴隶和运送掠取的物资等任务。为舰队建造的船只比普通船高大，后来在船艏又依靠腓尼基人造战船的方式安装了冲击敌船的撞角，这就成了专门的军舰。古埃及还设立管理造船厂的长官，还有负责指挥搭乘战船运输步兵的长官，可见这一古老海军的发达。

古埃及舰队有记载的大规模海战，发生在公元前1190年，当时出现一个史书所称的“海上民族”的大举入侵，有研究者认为其可能来自南欧地区。这些入侵者乘坐大批帆船从地中海驶来，其船只比埃及战船小，船艏也没有撞角。埃及舰队在海边迎击，双方相距150米左右时，埃及人向对方发射出雨点般的箭矢，海上民族缺少弓箭无法还击而只想接舷跳帮格斗。双方距离缩短到不足20米时，埃及士兵又向敌船投掷标枪，迫使对方士兵躲到舰船的另一侧舷缘，从而导致战舰急剧侧倾。此时埃及舰船因撞角高出水面以上，就以居高临下的优势撞翻了一艘艘敌船。

在埃及军舰面前，海上民族的船只又显露出一个弱点，那就是没有桨而必须依靠简单的方形船帆来航行，这就没有依靠桨力才能实现的冲撞功能。交战时海风停止，海上民族的船只的帆丧失作用，又无法划桨逃走，结果在撞击下被彻底摧毁。他们落水的士兵大都被从水里捞上来，马上被拖到岸上作为俘虏捆绑起来，然后作为奴隶出售。

描绘公元前1190年古埃及同海上民族进行海战的画作。

表现“以船为家”的腓尼基人的
油画，他们一度称雄地中海，其
后人在北非建立了迦太基国家。

埃及古王国时期海上作战人员的形象。

此次海战，创造了古代冷兵器时代海上交锋的典型模式，就是双方船只靠近后用弓箭、标枪投掷，然后以船艏撞击，再以刀剑格杀。这其实是把陆战手段搬到了海上。

古埃及兴盛时期，在如今黎巴嫩一带居住着一个号称“以船为家”的腓尼基民族，在公元前15世纪以后的千年间以造船和航海技术称雄地中海沿岸。他们曾臣服于埃及，后来又被波斯征服，最后被希腊占领。腓尼基人的移民在地中海沿岸建立了一些城邦国家，最有名的就是在如今北非突尼斯地区的迦太基。埃及、希腊、波斯乃至罗马帝国建立的舰队，很大程度上都是运用了腓尼基人的技术，海战的范围也由近岸逐渐扩展到远海。

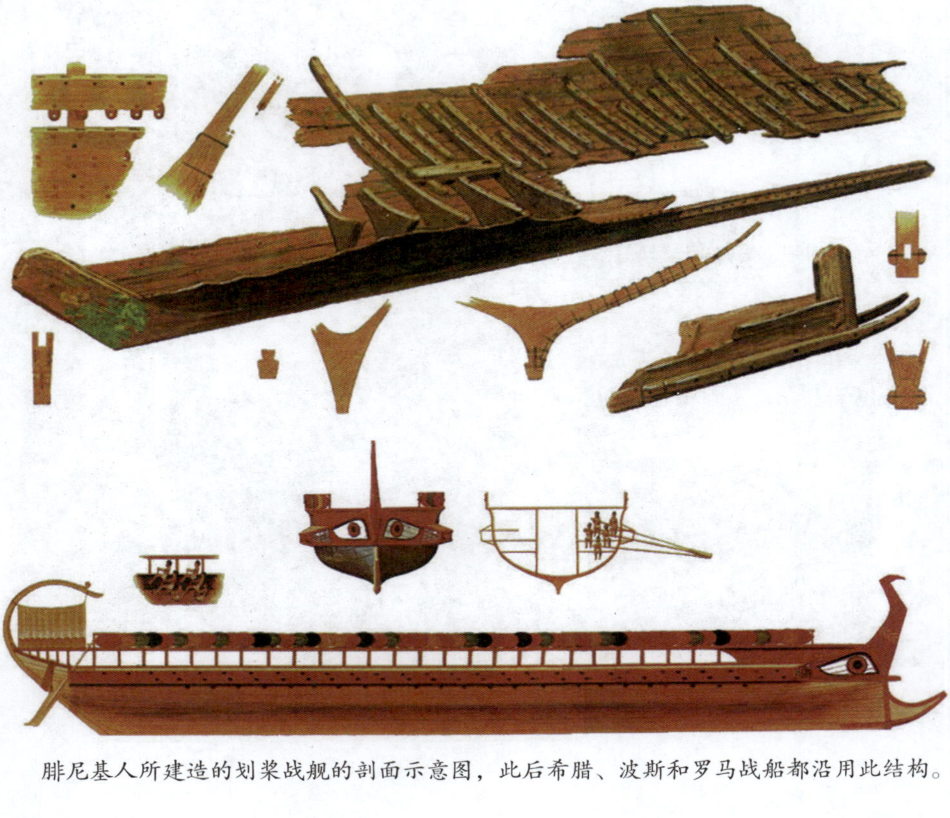

腓尼基人所建造的划桨战舰的剖面示意图，此后希腊、波斯和罗马战船都沿用此结构。

古希腊人利用撞击和接舷战以少胜多

公元前5世纪发生的希波战争，被西方人普遍视为保住了自己文明之根的决定命运的一战，假如希腊文明被东方的波斯人所消灭，世界历史的进程可能会发生根本改变。

波斯陆军有数十万人，是希腊各城邦军队总和的许多倍。波斯海军在舰船数量上也占优势，主要运用了被它占领的腓尼基人的造船技术。希腊人过去也通过学习腓尼基人的技术建造舰船，不过根据自己的海域条件，希腊人更注重船只的小型化和灵活性。

公元前480年，波斯大军由国王薛西斯亲自率领，从亚洲西部越过如今的土耳其海峡攻入希腊，“斯巴达三百勇士”在温泉关的拼死抵抗只是延缓了几天进攻。雅典人被迫放弃了自己的城池，全体国民乘船退到萨拉米湾，已退无可退只能拼死一搏。追来的波斯海军封锁了湾口，准备先粉碎对手舰船，再以陆军登岸全歼希腊人，薛西斯则坐在海边一个高地上观战。

希腊联军的358艘战舰在萨拉米湾对阵波斯军的600多艘战舰，不过自身的新式战舰体积小、速度快、吃水浅此时成了优势。波斯挂帆战船体积大、速度慢、吃水深，因这一

描绘公元前480年波斯国王薛西斯观看萨拉米海战的油画。

描绘萨拉米海战的这幅油画，表现希腊舰只马上如离弦之箭做斜线冲击撞击波斯战舰，然后希腊武士冲上敌舰格斗的场面。

海峡入水道狭窄，宽不到2000米，一次只能并列通过10多艘船，不得不采用军事上最忌讳的“添油战术”，将战舰逐次投入。

波斯舰队进入海峡时正值涨潮，海峡内暗流涌动，大型战舰很难控制方向。在大风吹动下船身大都侧向希腊战舰，等候已久的希腊舰队马上如离弦之箭冲了上来——利用船头一根长约5米的包铜横杆先将敌人的长桨划断，再调转船头用镶有铜套的舰艏狠狠冲撞波斯战舰的腹部。波斯战舰的艏部虽然也有撞角，此时因调头笨拙，第一波进入海峡的舰只还没有撞上对手，就几乎全部被撞沉。

接着，萨拉米湾狭窄的海峡口出现这样一种局面，前面的波斯战舰不断地被希腊人撞毁，舰上的士兵被杀死或制服，后面的又冲上来挤在一起，狭窄的水面上双方都很难移动。这时雅典战舰上的重装步兵开始运用接舷战术，高喊着“为了祖先的坟墓，为了希腊诸神的祭坛而战斗！”他们纷纷跳上敌舰，用刀矛与波斯士兵格斗。

波斯战舰上的士兵基本是弓箭手，原以为靠撞击和射箭就能压倒对手，没想到身披重甲的雅典步兵竟然跳到自己的船上，一时无法抵挡，往往十几个雅典步兵就能够毫不费力地制服一艘敌舰。未被占领的波斯战舰纷纷掉头逃跑。此时正值顺风，鼓成满帆的后援战舰仍不断冲入海湾，正好同后撤的前锋舰只迎头相撞，乱成一团。

一时间，海峡中舰与舰之间弓箭如蝗，几万名士兵在几百艘战船上杀声震耳。几千米长的海岸边叠起了层层的尸体群，惨不忍睹的场面令观者胆战心惊。在近战肉搏中，希腊人为保卫家园而拼命，而波斯舰上的士兵来自不同民族，又加上到异域作战，士兵们士气低落。希腊军船上划桨的奴隶们受到胜利后能改变身份的许诺刺激，作战卖力并守规矩。而波斯军舰上划桨的奴隶们在混乱中不少人乘机逃跑而让战船失去控制。

经过8个小时的激战，波斯舰队有200艘战舰沉没，50艘被俘，其余掉头逃跑（随后有许多毁于风暴）。希腊舰队只损失了40艘战船，至天黑时已完全控制了海峡。波斯国王薛西斯在高地上目睹了这一幕，被惊吓得从椅子上跳起来，马上下令大军利用所余船只从希腊撤退，因为失去制海权后他的几十万人的部队将很难再得到供应。

萨拉米海战在西方古代史上具有极其重大的意义，波斯帝国从此一蹶不振，希腊人却开始了向外扩张，后来亚历山大·马其顿大帝还东征灭掉了波斯。

罗马舰只的秘密武器“乌鸦吊桥”大显神威

公元前4世纪至公元前3世纪，地中海边的罗马作为新兴国家崛起。据说古罗马人的先祖也是希腊人，是特洛伊战争失败后逃过去的一支。据记载，罗马海军舰队在公元前311年出现时只有10艘战舰，海上行动主要依靠南部的同盟城市包括迦太基提供船只支援。罗马势力壮大后，为争夺西西里岛等地同迦太基产生尖锐矛盾，双方于公元前264年爆发了第一次布匿战

这幅画描绘了希腊战船上为划桨的奴隶分配食物的情景，他们得到获胜即可自由的许诺。

罗马舰队在每艘船上运载几十名精于格斗的步兵，并配备一种秘密武器——“乌鸦吊桥”，可钉在迦太基船上，随后让士兵跳过去搏斗。

争，罗马人通过对俘获的迦太基舰只进行仿制，并依靠财力、人力上的优势在造船数量上超过了号称“海上民族”的迦太基人。

此时西方海战的方式主要是撞击战术，迦太基舰队也是依此规律建造。这个腓尼基移民建立的国家主要从事航海经商，舰队中只有驾船者和指挥者是本族，水手主要使用雇佣兵并以弓箭、刀矛自卫，浆手照例是奴隶。罗马战舰也有撞角，每艘船运载几十名精于格斗的步兵，并配备一种刚研制的秘密武器——“乌鸦吊桥”。它宽1.2米，长11米，立柱粗20厘米，高7米多，平时升起，战时可突然降下钉在对方的甲板上。

公元前260年，罗马舰队与迦太基舰队在西西里岛东北岸的米拉海角进行了一次海战。参战的罗马舰队有120余艘战舰，迦太基舰队有150多艘战舰。双方靠近后，迦太基舰队以娴熟的驾船技术冲向敌船企图撞击，当距离10米左右时，罗马舰艏悬着的“乌鸦吊桥”突然降下，钩住对方船舷，撞角就不能发挥作用。

“乌鸦吊桥”钉往对方时，甲板上的罗马步兵马上采取“接舷战术”，通过吊桥迅速冲上敌方船舷，用刀矛肉搏。迦太基雇佣兵不擅长用短兵器拼杀，勇气和技能的差距让他们马上被打败，除被杀外只能跪地投降。

在这场古代海战史上典型的接舷战中，罗马人以轻微损失一举俘获了迦太基30艘战舰，还在追击中撞沉15艘，取得杀敌3000人、俘虏7000人的大胜。从此罗马在海战上压倒了迦太基，接舷战术也成为此后1800多年间的主流战术。

迦太基人不甘失败，随后在舰船上也配备了格斗兵。公元前256年，罗马舰队远征北非，双方在埃克诺姆斯角又进行了一次规模宏大的海战。据记载，罗马投入战舰有250艘，另有运兵船80艘，有8万名水手、桨手和4万名步兵，迦太基投入了230艘战舰，估算起来双方参战的总人数达到20万人，可谓世界古代史上最大规模的海战。

此战开始后，迦太基人仍想采用撞击战术，迫不得已才格斗。罗马舰只却让他们找不到多少撞击机会，除“乌鸦吊桥”外罗马人还发明了一种“钳子”，即接近敌船时用弩炮把“钳子”投射出去钩住敌舰，古罗马士兵可以通过“钳子”连接的跳板跳到对方船上进行接舷战。因“钳子”有铁皮包着，敌人还无法砍断。迦太基雇佣兵在格斗中仍不是罗马军的对手，舰队只好掉头逃跑，其中一些被对方俘获。此战罗马舰队以沉没24艘的损失，击沉迦太基船30艘，俘获70艘，就此掌握了地中海的制海权。

图中描绘了古罗马的船只攻击敌舰的场面。从中可看出此时的海军往往是战船搭载着陆军士兵登船作战。

罗马舰船上的“乌鸦吊桥”虽是取胜利器，但因安置在舰艏也带来“头重脚轻”的毛病，风浪中舰船易于倾覆。公元前253年，罗马主力舰队袭扰迦太基的北非沿岸时因不熟悉地形大量搁浅，涨潮时舰只脱险后又遇上风暴，有150艘船沉没，经过几年的抢建才恢复舰队的元气。总结这一教训后，罗马和不少国家舰队尽量不出外海而靠岸航行，否则在远海遇阴天看不到日月星辰就会迷失方向，遇风暴又无处可躲。

当年战舰的这一“腿短”缺陷，导致某一国家能否掌握制海权的关键在于拥有多少海外基地，其次才是拥有多少主力舰。由于罗马控制了西西里、萨丁、科西嘉等岛作为基地，迦太基就失去了从海路进攻意大利的能力。第二次布匿战争时，古代世界名将汉尼拔只好从西班牙绕道翻越阿尔卑斯山才攻入罗马境内，后来又无法通过海路从迦太基得到支援。罗马掌握了地中海制海权，最终能够消灭迦太基，并建立了一个把地中海作为内湖的大帝国。

迦太基在海战中输给罗马人，主要不是技术问题而是士气原因。这些腓尼基人的后裔一直重商轻农，本族人只注重贸易赢利，花钱雇外族人来打仗，而雇佣兵在激战中自然不敌为本国利益而战的罗马公民。不过，罗马后期骄奢淫逸之风弥漫于整个帝国，自由民不愿当兵，只好雇佣“蛮族”，而恰恰又是这些人摧毁了帝国。

表现遭遇海难后落水的罗马军人挣扎场面的画作。

表现罗马军队渡海后攻陷迦太基城的油画。

描绘拜占庭帝国首都君士坦丁堡港口情景的油画，拜占庭帝国主要靠海军来自保。

拜占庭战舰开始具备远程打击力

公元476年，西罗马帝国皇帝被日耳曼雇佣军首领废黜，宣告了曾称雄西方的罗马帝国灭亡，欧洲进入了近千年黑暗时期，出现了众多较小的封建王国。以君士坦丁堡（今土耳其的伊斯坦布尔）为首都的东罗马帝国依然存在，只是面积日益缩小，被称为拜占庭帝国（东罗马帝国）。

拜占庭帝国靠海军保卫作为主要港口的首都君士坦丁堡，因此一些历史学家称之为“海上帝国”。7世纪时，阿拉伯人向西扩展，拜占庭靠海军才将君士坦丁堡从数次围攻中拯救出来。

公元655年，拜占庭海军和阿拉伯海军在地中海东岸腓尼基城附近交锋。拥有500艘快船的拜占庭军起初靠数量取得优势，只有200艘战船的阿拉伯海军却转而采取接舷战，勇猛的阿拉伯战士跳上拜占庭船只，以肉搏战打败了对方雇佣兵从而取得海战胜利。拜占庭国王君士坦丁二世随即改革海军，加大船体，加强远程打击能力，尽可能避免发生肉搏战。

罗马人发明的弩炮在中世纪被广泛安装在战船上，用于抛射石弹打击敌船。

在此之前，西方军舰的船体上装配的重武器至多是一个弓弩炮。君士坦丁二世时，拜占庭战船上增加了弩炮数量，新设了投石机，后来又加装“希腊火”这一神秘的喷射武器。

地面上主要用于攻城的抛石机安装在舰上，射出的石弹可重达100千克以上，命中后可以将敌船打坏或撞断桅杆，不过这种“石头砸”的方式准确性很差。弩炮的原理类似弹弓，是靠人力拉动马鬃、皮绳制成的弓弦射出石弹丸或箭矢。据记载，最强的弩炮能将重

描绘拜占庭人的海战利器“希腊火”的画作。

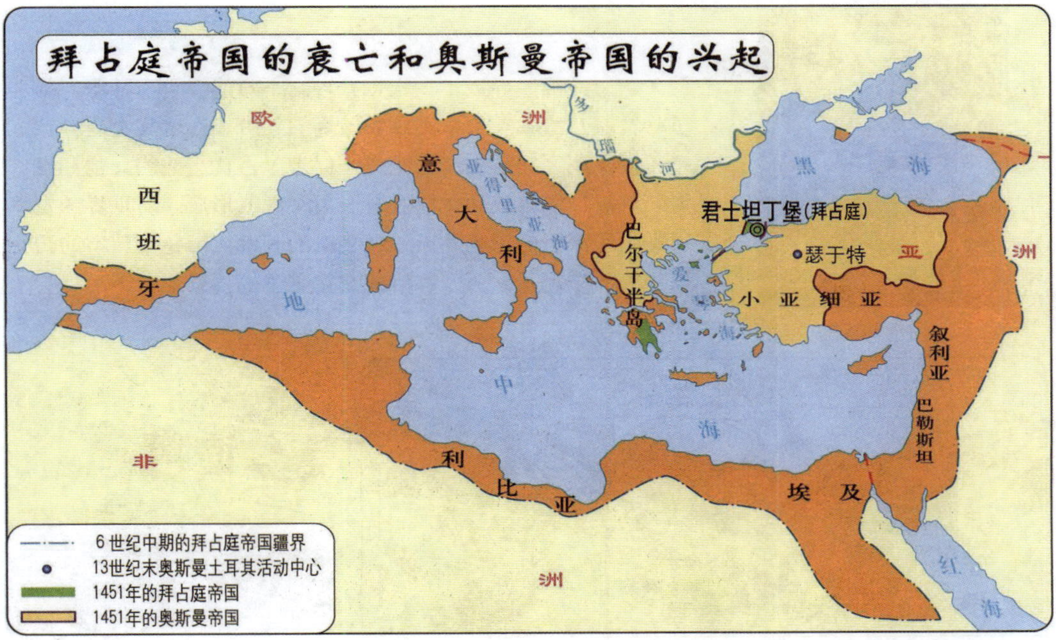

26千克的石弹射出近300米远，准确性较好，打击敌舰的士兵和桅帆比较有效。

拜占庭战舰最著名的利器“希腊火”，是一种类似石油的化合物，猛烈燃烧后可以用一条管喉向敌船喷出，或像炮弹一般投射，射程数十米。由于拜占庭具有船体大的优势，能居高临下地往敌船上倾倒液体火焰，命中木制船后会引来难以扑灭的大火，这成为拜占庭海军能够打败阿拉伯人的关键。“希腊火”的配制秘方严格保密，东罗马帝国灭亡后它已失传，直到现在人们都无法明白它到底是用什么东西制造出来的。

从威力、打击距离和使用可靠性看，这些早期的喷射器、投掷器还无法与后来出现的火炮相提并论，不过相对于原始的冲撞和接舷战，它们开创了海上非接触作战的新思路。

依靠着强大的战舰打击力，10世纪的拜占庭海军恢复了在东地中海的霸主地位。11世纪之后拜占庭帝国日益衰落，1204年十字军东征时，君士坦丁堡一度被其攻陷。1261年拜占庭光复首都后，再也未能恢复海军的规模，只剩下几十艘舰船，后来靠借助意大利北部的热那亚海军来对付最大的威胁奥斯曼帝国。

1453年君士坦丁堡陷落。这个罗马帝国的最后余脉——拜占庭帝国被奥斯曼帝国所灭，标志着中世纪的结束。土耳其人用大炮轰开君士坦丁堡，也表明战争中使用火器时代的到来，海战史也开始迈入新阶段。

表现西汉水军的画作，可看出此时已注重火攻。

中国古代海战侧重火攻

作为世界文明古国之一的中国，是世界上最早走向海洋的国家之一，也是世界古代海军发源地之一。据考古发现，在距今7000年前左右的原始社会时期，中国就发明了舟船。公元前5世纪时，齐、吴、越三国有了最早的海上军事行动，据记载，公元前485年吴国就派“舟师”从海上远航奔袭齐国。

自秦汉起，中国舟师主要使用棹桨船和风帆船，使用的武器主要有矛、弩、抛石机、铁汁、火炬等。由于古代战船都是木质材料，非常惧怕火攻，中国古代水师的攻击就一贯重视使用火箭、火船、沃油、火药箭等燃烧性火器，如著名的“火烧赤壁”就是长江内作战的典型范例，这与西方古代海军主要采用冲角和接舷战法有显著差别。此种战法是中国古代海军的优点，却也反映出发展不够完善的缺陷。

隋唐时期，征伐东北方向的高丽是朝廷用兵重点，为此隋炀帝和唐太宗都先后派庞大舰队由山东跨海直趋平壤。660年，唐高宗应新罗之请派海陆大军10万人进入朝鲜半岛打击百济，663年，百济王引倭国海陆军2.7万人攻击留守的唐军。唐将刘仁轨统率舰队与倭舰队在白江口遭遇，唐军四战四胜，毁沉倭舰400艘，歼其舰队大部。

白江口之战，是中日两国的第一次战争，唐军船只、兵力数量都占劣势，造船技术却占优势，船壁之高和坚固远胜于倭军，唐军的弓箭也能轻易射穿日本低劣的甲胄。唐将刘仁轨又通晓"火烧赤壁"之事，倭国人此时还不精通中华兵书，400多艘木船挤在一起，被唐军连发火箭，顺风投火，造成"烟焰涨天，海水皆赤"。烧死淹死1万多人，余者或逃或降。倭国对华首战惨败，举国惊恐，在本州西部和九州北部急忙部署重兵防守。唐军帮助新罗统一了朝鲜半岛后，并未攻击日本，有崇强凌弱习惯的倭人却由此感受到本国同唐朝之间的差距，随后派遣唐使赴华学习，开始了"大化革新"即"唐化"的进程。

663年中日发生的第一仗——白江口之战示意图。

描绘日本同唐朝海战失败后派遣唐使前往中国学习的画作。

描绘宋朝水师同金国水军交战的画面，可看出金船已冒烟，这是火攻的成果。

宋朝建立后，航海和海战水平更有提升。1161年，北方金朝在山东半岛建立水师准备南征。南宋水师先发制人，从长江口驶到如今青岛的黄岛海边实施火攻。据《武经总要》记载，此次夜间偷袭时使用了“猛火油柜”，其用法是把油剂装在一个类似风箱木柜内，用“拉风箱”的方式喷向敌船，喷口处又有点燃装置，相当于“火焰喷射器”。在宋船的“火龙”攻击下，胶州湾内金军船只顿时成了一个个燃烧球，金国水军从此无力南犯。

1260年蒙古大汗忽必烈继承汗位后，看到宋朝偏安南方主要靠水军，于是安排华北和已臣服的高丽造船上万艘，还招降了对南宋不满的海运商贾，水军方面取得了优势，就此长江险阻不存。1274年，元军20万人水陆并进，攻陷南宋的都城——杭州，谢太后带领朝廷投降。

著名画家黄中羊的油画《陆秀夫蹈海》，表现了崖山海战失败时，南宋名臣陆秀夫背着小皇帝跳海殉国。

南宋有气节的朝臣文天祥、陆秀夫、张世杰这“三杰”不甘屈服，拥戴赵氏小皇帝建立了船上流亡的朝廷，于1278年漂泊到位于广东新会的崖山海边。此时宋军还有大战船1000多艘并运载军民20万人（多半是随

描绘元军乘坐战船登陆向日军发起冲锋的场面，后来船队遇台风导致元军大败。

军家属），却只顾在岸边消极设防，为防逃跑还以铁索连船。元军河北籍汉族统帅张弘范所率步骑兵先攻陷海边宋军阵地，使其丧失淡水来源，宋军干渴难耐，兵心大乱。元军水师则堵住出海口，再施以火攻，烧毁、击沉宋军战船200余艘，缴获800余艘，俘宋军2万多人。此战役据称有10万人死于海中，宁死不降的陆秀夫绝望之时背着幼帝跳海而亡，南宋就此灭亡。

崖门海战结局悲壮，原因是南宋将领在海战中实施了消极防御，元军则把陆战中的积极进攻思维运用到海上，以水陆协同达成围歼。水军（海军）本是一种机动军种，应主要用于攻击，若单纯防守必败于机动性强之敌。

灭宋时的元朝水军实力达到巅峰，忽必烈又把陆上的扩张观念用于海战，于1281年动用4300多艘战船运载14万人的军队跨海远征日本，日军的小船拦截无效。不过此时元军舰队遇台风，导致全军覆没，日本人将这股风称为“神风”，直至第二次世界大战时又以此命名其“自杀”飞机。

元朝水军出海远征时，携带了枪、炮的前身“火铳”，虽然未发挥出什么作用，却预示着海战也将进入一个使用火器的新时代。

日本的这幅油画表现的是日本小船迎击元军大舰的场面。后来因台风帮忙而被日本称为“神风”。

第贰章

火器的出现
改变了海战面貌

公元13世纪，蒙古军进行了世界古代史上规模最大的远征，其骑兵向西冲到波兰、匈牙利，水军远航到南洋爪哇。蒙古军将火药技术传入阿拉伯和欧洲，火炮及其弹药在西方世界迅速发展起来。火器的应用使人类战争有了划时代的变化，由体能支撑的冷兵器战争发展到化学能支撑的热兵器战争。火炮上舰让那个时代的海军拥有了杀伤性武器，只是起初的射程和威力还不足“一击制敌”，双方战舰对射后往往用步兵接舷战斗。进入19世纪后，炮战才能完全决定风帆时代海上交战的胜负。

表现元军于1286年南征时的画面，可看出交战时主要靠抛掷燃烧爆炸物。

西班牙“无敌舰队”想接舷战却毁于炮击

14世纪的意大利开始了文艺复兴，科技有了大进步。威尼斯人引进东方火器加以仿造后，又在帆船战舰舷边安装火炮，发射石质弹头，射程可达几百米。装备这种炮艇的威尼斯和热那亚舰队，一时称雄地中海。土耳其、西班牙、葡萄牙、法国、英国见此情况也不甘落后，在15世纪纷纷建造了装配火炮的舰船。

奥斯曼帝国占领君士坦丁堡后，又继续向东欧扩张，还控制了原来拜占庭帝国的造船业。南欧各国为打败他们眼中的“东方野蛮人”，组织了基督教国家联军，西班牙王国、威尼斯共和国、教皇、萨伏依公国、热那亚共和国及马耳他骑士团又组成了神圣同盟舰队，于1571年10月7日同土耳其海军进行了勒班陀海战。

此战参战的联军有206艘划桨战舰、6艘大型炮舰，土耳其军有208艘划桨战舰、56艘小型桨船和64艘大型划艇。土耳其军在舰船数量上占优势，联军在炮火上占据优势。

勒班陀海战开始时，土耳其人沿用传统海战思维，想先用撞角冲击再用长矛打接舷战。联军却命令各舰去掉船艏用于撞击的冲角，以免影响火炮射击，开战后先用占优势的炮火击毁土耳其军战舰，使土耳其军无法发挥撞角的威力。

描绘勒班陀海战的油画。

西方描绘勒班陀海战的油画。

描绘西班牙女王送哥伦布启航的画作。

双方舰船靠近时开始接舷战，因为火枪射速慢所以主要用刀矛。那时战舰上人数最多的是充当桨手的奴隶，其次才是陆战士兵。战前联军总司令约翰对奴隶桨手们宣布，如战斗胜利可让他们获得自由，这些桨手在接舷时也积极参加了白刃战。土耳其军舰上的奴隶却对主人充满仇恨，接舷战白热化时乘机反抗或逃跑，制度上的区别决定了双方最后的胜败。

勒班陀海战可谓最后一次采取接舷战的海战，世界从此进入了火器和冷兵器并用时代。土耳其舰船有113艘被击毁、117艘被俘，3万多人被杀、8000人被俘。联合舰队沉没战舰12艘、被俘1艘，死亡8000人。这一仗制止了土耳其向欧洲的扩张，西方文明得以保全。

1492年哥伦布远航美洲成功，为西班牙、葡萄牙打开了走向远洋的通道。通过掠夺大量金银西班牙成为海上强国，西班牙还为护送运财宝的船队组建了大名鼎鼎的“无敌舰队”。16世纪后期，英国伊丽莎白女王给德雷克等海盗船长发出“私掠许可证”，让他们劫掠西班牙船队，被激怒的西班牙于1588年7

月派出“无敌舰队”前来征讨。

130艘大型战舰组成的“无敌舰队”，搭载了7000名水手和2万名步兵，准备在海战中先打接舷战，消灭对方舰船后再登陆占领伦敦。严格而论，这相当于一支“陆军海战队”。此时英国皇家舰队只有23艘小型战舰，却临时集中了100多艘私人船只，包括海盗的30艘新式快船。英舰共载有9000人，全是船员和水手而没有步兵，具有船小、速度快、火炮数量多和射程远的特点，显然英国人不想打“接舷战”。海盗头子德雷克就说：“海上的事要由船来解决，同步兵没有关系。”

描绘西班牙“无敌舰队”远航的油画。

这幅历史画作描绘了西班牙“无敌舰队”同英国舰队交战的场面。

双方舰队接近后，英国战舰凭借速度优势排成纵列从“无敌舰队”队列旁驶过，在较远距离以一侧舷炮齐发，再迅速掉转头发射另一侧舷炮。西班牙战舰虽以火炮还击，却因口径大、射程近很难命中，想打接舷战却无法靠近。一位西班牙舰长事后哀叹说：“英国人最慢的船也比我们最快的船要快很多。”

经过一天海战，“无敌舰队”虽只有1艘舰因弹药库爆炸而沉没，多数舰只却弹创累累，天黑后把舰船集中到法国海岸休整，英国却派出8艘塞满易燃物品并在桅杆和风帆上涂了柏油的旧船，乘着强劲西南风急速冲向“无敌舰队”实行火攻。西班牙舰队顿时大乱，纷纷起锚逃生，返航途中又遭风暴袭击损失惨重。“无敌舰队”最后只有43艘舰只、8000余人逃回国内，近2万名士兵葬身海底。英国人却一艘舰船都没有损失，阵亡的水手不足100人。

此战英国获得压倒性胜利，成了新兴海上霸主，西班牙海军则一蹶不振。这次海战也标志着炮击战术取代接舷战术成为海战的主流。

描绘西班牙“无敌舰队”遭到英舰夜袭的油画。

旅美画家张红年的油画中描绘出郑和率舰队下西洋的壮观场面。

中国古代海军打败日军和荷兰舰队

公元12世纪至15世纪初，即宋朝至明朝初年，中国水师已具备远洋海军的性质，所用风帆战舰由近海迈向远洋，还装备了火药箭和火铳等当时世界上最先进的火器，进入火器和冷兵器并用时代。如明初中国舰队巡航于印度洋海区，在马六甲海峡建立了海外基地。郑和的“宝船”长146.7米，排水量达千吨（一说1500吨），可载员千人。比郑和远航晚了近大半个世纪的哥伦布船队，其最大的“圣·玛利亚”号只有250吨。

中国封建专制主义“重农抑商”的传统，导致航海缺乏持续的经济动因，郑和率舰队七次下西洋耗费巨大，只给宫廷带回玩赏的珍奇物品，待明成祖朱棣死后就被认为是“前朝秕政”，远航就此废止。明朝感到主要威胁来自北方蒙古，自1463年明英宗即位后就禁止建造远洋船舶，沿海水军裁减后只能在近海抵抗倭寇和海盗，火器发展也陷入停滞。

1521年葡萄牙船队驶达广东同明朝水军进行屯门海战时，明军发现自己的火器已大为落后，尤其是没有对方船上所装备的远射程枪炮。昏聩的明廷对此还没有反应时，日本人却从葡萄牙手中购买了火绳枪，这种被称为“铁炮”（这一词为日语，按中文译为“枪”）的武器马上成为各大名（日本割据军阀）的最爱。日本人掌握技术后开始自行生产，“铁炮”的性能经改进后一度超过欧洲。

日本引进葡萄牙和荷兰技术后建造的装备火炮的战船。

领先东亚的枪炮技术，成为日本侵略野心的催化剂。16世纪前期，倭寇窜扰中国沿海达到最猖獗的阶段，名将戚继光缴获了日本的火绳枪后组织仿制成“鸟铳”，明朝官员也通过澳门向葡萄牙购买到一些称为“佛郎机”的轻便火炮并在国内仿制。16世纪末期，明军火器水平已基本不逊于日本，朝鲜也从明朝得到了一些火炮并安装到战船上。

1592年，日本派兵15万大举进攻朝鲜，当政者丰臣秀吉还狂妄地提出要把天皇从京都迁到北京。汉城、平壤相继失守后，明朝派出10万援军入朝反攻，朝鲜水军节度使李舜臣也依靠“龟船”战舰和火炮、弓箭并用，在海上一再击败日本水军。

1598年，朝鲜的壬辰卫国战争和明朝进行的抗日援朝战争进入最后阶段，11月间朝鲜水军进行了露梁海战，在海峡口以事先布置好的铁索和木桩挡住了日本水军去路，李舜臣乘机指挥船上士兵使用密集的炮火和火箭引燃被困的30多艘日船，瞬间海面上烈焰熊熊。日军退到半岛南端准备后撤时，明朝水军都督陈璘、副将邓子龙与朝鲜海将李舜臣率领800艘战舰、2.3万名水军（中朝约各占一半）与日本500余艘战舰决战于露梁海域。明朝自制火炮和购买的“佛郎机”轻便火炮在水战中充当了攻击主力，加上中朝联军的舰只抵近发射火箭，日本舰队大部被歼，死亡近万人，首领岛津义弘仅率50余只战船逃脱。

此次露梁海战，堪称古代帆船舰队在远东进行的一次大规模的海战，迫使日军逃出朝鲜，此后近280年都不敢再进犯。

进入17世纪后，明朝官方水师已经衰败，福建沿海兴起的由郑芝龙和其子郑成功创办的海商集团却拥有庞大武装运输船队，控制了东南海外贸易。郑氏集团的造船厂设址于东南沿海多处甚至建到暹罗（今天的泰国），其建造海船选用的干燥木材主要来自闽北山区，船用油、麻、铁多来自日本，进行军备建设也有了雄厚基础。

这幅画描绘的是1598年中朝联合舰队抗击日军入侵的露梁海战场面，画中可看出弓箭和火炮并用，朝鲜水军统帅李舜臣中弹阵亡。

画家秦文清所绘的油画《万历援朝之战》，表现了中国明朝舰队在海面击败日本舰船的战况。

1644年明朝被李自成所率的造反武装推翻，清朝趁机入关，在南方建立的明朝政权（史称“南明”）成为抗清旗帜。郑芝龙本人降清，其子郑成功率以水军为主的10万余人的船队拥戴南明并受封延平王，为的是巩固后方并收复被荷兰殖民者侵占的台湾岛。

1661年4月21日，南明延平王郑成功率军2.5万人乘战舰数百艘，从福建金门岛启航先取澎湖，接着在台湾南部登陆围攻赤嵌城（今台南市）。在世界上号称“海上马车夫”的荷兰人马上调动远东舰队反击，双方进行了两次海战。

此时荷兰军舰质量居世界之首，体积大，长达100米、宽20米，有3层楼高，帆樯可八面受风，其船速较快且不惧逆风。荷舰两侧设有许多小窗，可放置小铜炮，甲板上安放约6.7米长的巨炮，每船安置各种炮20~30门。郑部舰船高度仅为荷舰的1/3，船上只装有两门火炮且射程较低，在远洋中往往会被荷舰撞翻或被压沉，不过其舰船和水兵数量占有绝对优势，荷兰东印度公司在远东力量有限且难以从本土增援。

首次海战开始时，荷兰人调动了4艘军舰开到了鹿耳门航道，郑成功在这一狭窄地段投入60艘战船。荷船虽体积大、所装火炮多，却在郑部众多船只四面围攻下首尾不能兼顾，又运动不灵，虽连连击沉了郑部的一些舰船却挡不住逼近攻击。郑部船只同荷舰接舷后，以射火箭、投火罐打抵近战的方式击毁其战船1艘、伤2艘，最后取得胜利。

荷兰东印度公司得知败报后，从爪哇调来一支有舰船10余艘、水兵700余人的支援舰队。郑成功以150艘舰只采取海上围攻，取得毁沉荷舰2艘、俘获小艇3只、歼敌480余人的海战胜利。

郑荷海战的胜利，首开东方海军击败西方海军的前例，驻扎于台湾的荷军被迫签订投降协定撤出。从舰艇水平看，郑军虽落后于荷方，但毕竟没有一代的差距，同时有数量上的绝对优势。郑军通过冷热兵器混用，最终以火攻、炮击、冲撞、近舷肉搏等方式取得了胜利。

郑成功收复台湾后病逝，他的部将施琅和孙辈先后率水军投降了清朝。清廷以短视的目光认为海上威胁不存，只保留江河和海边的水师，中国等于丧失了海军。

已故画家高泉的油画《郑荷海战》，表现了郑成功部的战船（左）用船舷炮同荷兰舰对轰的情景。

海军画家周补田的油画《郑成功收复台湾》。

17—18世纪，军舰舰炮发射的都是实心弹，开始是石弹，后来是圆形铁球弹。

风帆船时代战舰的火炮主要装在两侧舰舷内，从小窗口向外射，靠密集射击打击对方舰船。

在风帆船海战中英国成为霸主

17—18世纪，西方工场手工业和科技发展使海战水平又进一步提升，舷侧炮成为交锋的主要武器。水面上的接舷战仍然存在，所用武器也主要是枪支而不是刀矛。

进入17世纪后，风帆战舰不断追求更大的吨位和更多的舰载火炮数量。1637年，英国建造了世界上第一艘三层甲板风帆战列舰——“海上君主”号，排水量达1522吨，装备了100多门铜制火炮，同一时期荷兰建造的战舰也达到了这一水平。当时风帆军舰的航速靠风力而很难掌控，木质舰体又受不住太大后坐力，舰炮口径至多为100毫米，而且使用黑色火药发射的前膛炮。

此时舰炮发射的又都是实心弹，开始是石弹，后来是圆形铁球弹，射程一般不超过500米（这也是黑色火药作为发射药的局限）。从15世纪末起，地面火炮已开

表现荷兰舰队启程出征的油画。

始使用被称为“开花弹”的球形爆炸弹，不过那时球形爆炸弹引信不可靠，内装火药灵敏度高，发射时操作不当容易产生炸膛。战舰总在颠簸摇晃，球形爆炸弹在甲板滚动很容易爆炸，海军因此在300多年内因害怕毁舰不敢采用。发射的实心弹打到木质敌舰上只能穿一个洞，破坏杀伤力都不大。

军舰使用实心弹对轰，主要作用就是破坏敌船设备和杀伤部分人员，用上百门舰舷炮近距离反复齐射效果才好。法国军舰喜欢射击对方风帆使其失去控制，英国军舰则颇为凶猛地先打对方甲板上的人员和炮位。因实心弹轰击很难迅速击沉大型敌舰，双方接近时还经常打接舷战，用步枪射或跳到对方舰上杀敌抓俘虏，因此那时海战中俘获的军舰往往超过击沉数。

描绘1666年荷兰舰队同英国舰队激战的画面。

1640年英国发生革命，一度影响了对外发展，荷兰趁机扩大了船队。据统计，1670年各国船舶的总吨位是：荷兰90万吨，英国50万吨，西班牙、葡萄牙共25万吨，法国15万吨。此时荷兰人掌握了大部分国际贸易，被称为“海上马车夫”。英国稳定了国内局势后，同荷兰在20多年内连续进行海战。英国有着最强的制造业，建造军舰的速度和吨位很快跃居他国之上，荷兰因只重商贸而工业水平差，造舰能力日益落后，最后只好对英国屈服并让出海外商贸霸主地位。这一情况的出现，按唯物主义的观点就是“商业资本主义从属于工业资本主义”。

进入18世纪后，法国海军又向英国提出挑战，在几次战争中却都被打败。1775年美国独立战争爆发后，弱小的北美13州民军抵挡不住英国军队镇压，只得向英国的宿敌法国请求支援。1778年法国海军驶到北美参战，并运载陆军上岸承担了地面战主力，法国和西班牙联合舰队在1779—1783年的海战中几次打败英国舰队，英国被迫承认了美国独立。从某种意义上讲，法国陆海军参战对美国独立战争的胜利起到了决定性作用。

英国海军出现少有的失败，除了多面受敌、舰只分散的原因外，又在于其战术趋于僵化。1789年法国大革命爆发，对其海军是一场灾难，许多拥护国王的军官被清洗，内战激烈导致造舰停滞，舰队长期留在港口内，水兵缺乏海上漂泊和操炮的锻炼。1800年前后，拿破仑在陆战中称雄于欧洲，其海军力量的衰落却让他在对英作战中处于“以陆防海”的不利状态。

援助美国独立战争的法国舰队在1781年切萨皮克海战中击败英国舰队的画面，此战胜利是迫使英国承认美国独立的重要因素。

描绘特拉法加海战的油画。

1805年秋，拿破仑要求法国海军出港将英国主力舰队吸引到地中海，自己想抓住机会渡过仅20多公里的英吉利海峡直攻伦敦。10月21日，法国同盟友西班牙的主力舰队共33艘驶到特拉法加角外海，同英国海军统帅纳尔逊所率的27艘英舰相遇发生海战。

海战开始时，法西联队军舰多，吨位和火炮也略占优势。而英军舰炮射击准确，法国水兵却在波浪摇晃中掌握不好发射角度，很少能打中对手。纳尔逊首先指挥英舰上攻法国旗舰，很快打散敌方队形，一些法、西军

英国在风帆船时代所造的“胜利”号是一级战列舰的典型代表作。它于1759年开建，在1765年建成，共消耗了2000棵橡树、38吨铁，排水量2162吨。

英国海军统帅纳尔逊的油画像，他被视为英国的民族英雄。

舰见势不好竟脱离编队逃走。英舰截住多数未逃掉的法国和西班牙军舰，先逼近以火力轰击甲板，再接舷跳上来以枪支扫荡对方水兵逼迫其投降。

纳尔逊的旗舰“胜利”号逼近法舰“敬畏”号时，先以火炮杀伤了其人员，再让水兵冲上对方甲板，通过激烈的接舷战将该舰俘虏。不过在甲板上指挥作战的纳尔逊被“敬畏”号上的法国狙击手开枪打中，被救下来后很快咽了气。

经过5小时海战，法国和西班牙军队有12艘被俘，7艘当场被毁，10艘负伤后在风暴中沉没，只有4艘逃回，英舰却无一沉没。英军阵亡449人，法西联合舰队阵亡3243人，还有7000人被俘（包括降旗投降的法国舰队司令维尔纳夫）。英国舰队信使向伦敦报告的第一句话是：“我们获得了一次伟大的胜利，却丧失了纳尔逊勋爵！”

纳尔逊阵亡后，被英国视为最伟大的国家英雄，这位海军统帅的指挥能力和勇于在一线指挥的作风值得称道，不过，英国舰队获胜的根本原因是建军指导思想正确，将舰队任务确定为争夺制海权，其水兵训练有素。法国大革命后把海军当成陆军的附属品，长期不敢出海，基层官兵也常年被封锁在港内难以适应大风浪。法国舰队司令维尔纳夫战前就写道：“同样恶劣的气象条件，对纳尔逊毫无影响，我们却不行。”

不少战史专家称：“一场特拉法加海战的胜利，可抵销拿破仑所有的陆战胜利。”法国进入英国本土之梦从此破灭，英军舰队还能以海上机动打击法国控制的大陆任何一点。英国树立了此后100多年间无人能挑战的海上霸主地位。

英国画家描绘特拉法加海战的画作，从中可看出英舰轰坏法舰甲板上的装备后，再接舷以水兵跳上来扫荡法军水兵。

英国海军统帅纳尔逊在接舷激战时被法军枪弹击中倒在甲板上。

世界上第一艘蒸汽机轮船是美国发明家富尔顿制造的，1807年航行成功。它采用明轮驱动，有备用风帆。

蒸汽机和爆炸弹使风帆船海战结束

以18世纪中期英国人瓦特改良蒸汽机为标志，人类开始迈入工业化时代。恩格斯曾说过：“蒸汽机不仅在陆路交通工具方面引起了革命，而且使水路交通工具具有了新的面貌。”海军作为经济和工业科技的结晶，进入蒸汽机时代装备和战术也发生了根本变化。

1802年，英国首先研制成第一艘实用的蒸汽小船。1807年，美国发明家富尔顿成功地建造了“克莱蒙特”号蒸汽轮船，在纽约下水后以逆水航速9公里完成了248公里航程。1815年，富尔顿又为美国海军设计建成一艘装配蒸汽机的军舰“德莫洛戈斯”号，排水量达2745吨，航速不到6节，装配火炮32门。

早期蒸汽船还属木质结构，由明轮推进，在海战中受到很大限制。一是庞大的明轮和部分机器暴露在敌人火力之下极易受毁，二是明轮安置于舰舷两侧占据了用于安装火炮的空间。

描绘1853年锡诺普海战的油画。

1840年前后，英国舰队的主力还是风帆战舰（右），使用外露明轮的快速蒸汽火轮（左）用于联络。

英国、法国和俄国看到美国人的发明，也开始建造蒸汽船。1829年，奥地利人约瑟夫·莱塞尔发明了可用于船舶的螺旋桨，使蒸汽机能够装置于舰船吃水以下的舱室，克服了明轮的缺点且速度更快。螺旋桨推进的蒸汽机随后成为战舰的动力装置，战船也从此改变了对风速、风向和潮流的依赖，不论有风无风、顺流逆流都能快速行驶。

1840年鸦片战争爆发时，英国参战的还是风帆战舰（多在印度砍伐树木就地建成），快速蒸汽船用于舰队联络和向国内报告消息。1849年，法国建造了第一艘以蒸汽机为主动力装置、螺旋桨为推进器的战舰——“拿破仑”号，排水量1800吨，船速12节，主要部位有铁甲。随即英国也大批建造蒸汽动力战舰，不过还保留风帆在机器不可靠时备用。当时英法又开始研制钢铁船，因为蒸汽机动力已能驱动那些金属制造的重型船。

近代化学和冶金业的发展，使舰炮技术在19世纪前期发生了跨时代的变革性跃进。1846年意大利少校卡韦利造出了一种后膛装填炮，炮膛内刻有两条旋转来复线，使用圆柱形炮弹。从此，后膛来复线式火炮取代了炮口装弹的前膛炮。尖头柱体定装炮弹代替了圆球弹，这使炮弹射出后具有稳定的弹道，提高了命中精度并增大了射程，并可以使用爆炸弹。

1853年爆发的俄国同土耳其的战争，使爆炸弹在海战中首次登场，木质军舰马上显得不堪一击。同年11月30日，俄军舰队进攻土耳其海军在黑海的锡诺普锚地，以发射爆破弹的火炮开火，命中一发就可以使中弹部位附近的船体分崩离析。在4小时战斗中，15艘土军风帆战舰被击毁沉没，只有1艘购自英国的蒸汽船依靠高速逃走，俄军仅有1艘军舰负伤。

1854年4月，英法两国为阻止俄国势力南下，派出30艘装配了蒸汽机的战舰进入黑

表现1853年发生在黑海的锡诺普海战的油画，此战中俄罗斯军舰发射的爆炸弹轻易摧毁了土耳其舰队。

海，支援当时被称为“西亚病夫”的土耳其。当时俄军的风帆船同英法的蒸汽战舰相比落后了一个时代，黑海舰队分舰队司令门契科夫就哀叹：“我们无法阻止他们，我们的战舰无法追上他们。”

英法舰队进入黑海时，俄国在黑海虽拥有16艘战列舰、4艘60门炮巡洋舰，却都是风帆船，只好退到塞瓦斯托波尔港，面对封锁全部自沉，而让火炮和水兵上岸作战。

俄国黑海舰队不战自沉，是一个庞大的农业帝国在工业时代来临时的悲哀。这一可悲的事实说明，军舰有了一个时代的差距，交战双方就难以进行海战。俄土之间的锡诺普海战成为人类历史上最后一次大规模风帆战舰海战，一个蒸汽机驱动铁甲舰进行海战的时代随之到来。

表现1854年英国和法国靠蒸汽驱动的战舰进入黑海的画面，此举使无力迎战的俄国舰队被迫自沉。

第叁章

世界进入钢铁战舰和巨炮交锋时代

近代科学技术的发展既提高了生产力，又是海军这类技术军种取得进步的最大推动力。19世纪后期，随着世界列强实现工业化，重型舰炮、先进的蒸汽机以及冶金技术日新月异使海军发生了根本变化。战舰从扬帆航行变为以蒸汽机运作，由木质变为钢制，以蒸汽机、螺旋桨、船体设计为代表的造船技术日益成熟，铁甲舰成为海战主角。

英国在1860年下水的9000吨级的战列舰“勇士”号，属全铁甲结构，由蒸汽机驱动的螺旋桨推动（从图中可看出螺旋桨在舰底尾部）。

美国南北战争首开钢铁舰只交锋

1853—1856年，英国、法国、土耳其联合对俄国进行了克里米亚战争，显示出木帆船根本无法同蒸汽战舰交锋。此时蒸汽战舰还属木质，只是重要部位包上了铁皮，在新型后膛炮发射的爆炸弹面前仍十分脆弱。随着冶金业的发展以及蒸汽机驱动的螺旋桨代替了明轮，英、法、美这些工业水平高的国家终于能制造全钢铁战舰。

美国南北战争开启了蒸汽铁甲军舰的交锋，这是当时海战的画面。

1862年3月8日，美国南北战争中的南方军“弗吉尼亚”号铁甲舰先以炮火击伤北方军“坎伯兰”号木质战舰，随即用舰艏铁角将其撞沉。

1859年，法国率先建成“光荣”号的铁甲军舰，由蒸汽机、螺旋桨驱动，还备有风帆（那时机械动力还不完全可靠）。该舰排水量5617吨，装备36门舰炮。

1860年，全球工业水平最高的英国下水了“勇士”号铁甲舰，满载排水量达到9210吨，帆机并用时航速可达17节。舰上装有40门舰炮。

“光荣”号和“勇士”号的问世，标志着使用木质战舰漫长时代的结束。

铁甲舰诞生于欧洲，第一次蒸汽铁甲舰之间的战斗却在美国南北战争期间打响。战争开始时北方军战舰占优势，却主要是木质舰，南方军为改变弱势制造了一件秘密武器——铁甲舰“弗吉尼亚”号。

1862年3月8日，汉普顿锚地的北方军发现了一个“不停地冒着黑烟”的怪物驶来，这就是南方军铁甲舰“弗吉尼亚”号。北方军派出2艘木质战舰，向它发射密集的爆破弹，命中后弹片却四处迸飞，实心炮弹也顶多在这个铁家伙上留下一个个浅浅的凹坑。“弗吉尼亚”号进行攻击后，北方军2艘大型木质战舰相继被击沉，其中的“坎伯兰”号还是在中炮起火后被“弗吉尼亚”号的钢铁舰艏撞沉的。

1862年3月9日，美国北方军的“莫尼特”号铁甲舰（左）同南方军的“弗吉尼亚”号铁甲舰（远）进行世界上最早的铁甲战舰海战的油画。两船激烈对轰了几个小时，直到弹尽也没击毁对方。

第二天即3月9日，装备了旋转炮塔的北方军铁甲舰“莫尼特”号赶到战场，同“弗吉尼亚”号进行了长达4个小时的战斗，两个铁甲怪物像拳击手一样扭打在一起，展开火炮对射，直至炮弹全部打光时都无法穿透对方的钢铁装甲，只好各自撤回。

汉普顿海战作为世界上首场铁甲军舰对决，虽然以平手告终，却说明了木造舰艇在铁甲舰面前不堪一击。此后，美国南北两军都建造铁甲舰，工业水平低的南方难以同北方竞赛，于是又尝试使用新概念武器，1864年秋在战史上南方军首次使用潜艇攻击炸沉了军舰。

南方军使用的潜艇“汉利”号，其艇身是从铁制蒸汽锅炉改装，长约12米，高1.2米。它的内部空间狭窄，艇员只得以卷曲状姿态坐在长凳上操控，乘员8人中有7人同时摇动曲柄连杆带动尾部螺旋桨，1人则负责掌控艇舵控制方向和上浮下潜。它从水下靠近了毫无防范的北方军“赫斯特尼克”号护卫舰，将杆式水雷固定到敌舰底部，脱离后引爆水雷将其炸沉。“汉利”号靠人力划动，未离开多远，敌舰沉没的旋涡将其吸入海底，全艇人员为之殉葬。

此战证明，潜艇可以成为海战攻击利器，在未解决机械动力和潜航时却难以有效使用，不过它的发展前景已引来世界海军的重视。

美国南北战争中的双方都使用了水雷，为此制造了专门的水雷艇，使用方法是偷偷接近敌舰，再用长杆把水雷捅到吃水部位引爆。这种做法使自身也非常危险。水雷艇在南北战争中一般难以接近敌舰，却成为后来鱼雷快艇的前身。

“汉利”号潜艇出击的示意图。它利用撑杆鱼雷击沉了美国北方军舰“赫斯特尼克”号。

美国南北战争中撑杆水雷艇的画面，它的使用方法是偷偷接近敌舰，再用长杆把水雷捅到吃水部位引爆。

1864年南军首次使用“汉利”号潜艇出击的画面，该艇很小且靠手摇柄驱动，在击沉北方军一艘军舰后，自己也沉没。

1866年夏天，意大利同奥匈帝国在地中海交战时，双方进行了蒸汽装甲舰队的首次大规模海战。7月20日，有12艘铁甲舰和7艘木壳蒸汽机军舰的意大利大舰队驶近利萨岛，向仅有7艘铁甲舰和14艘木质军舰的奥匈帝国舰队攻击。意军舰只吨位和火炮数量虽占优势，不过近代意大利官兵怯战且训练水平差。奥军舰队以铁甲舰组成“V”形队列发起中央突破，意军舰队马上发生混乱，各自为战，有3艘铁甲舰被击沉，死亡官兵1000人，其余军舰逃跑。奥舰有几艘中弹却都未沉没，却因实力弱未能追击。

利萨海战证明，只有铁甲舰的火炮能最有效地对付同类舰。蒸汽动力的舰船具有高度机动性，它们能迅速地变换成各种战斗队形，因而在炮战中炮术水平固然重要，但采用最有利的战斗队形才能发挥舰炮威力。

中日甲午海战时舰炮和鱼雷都显威力

随着舰用蒸汽机技术日益成熟，各国海军感到再备用风帆桅杆已是多余。1873年，英国建成“蹂躏”号战列舰，动力功率超过5000马力（1马力=735.499瓦），该舰彻底废除风帆，成为世界海军史上第一艘纯蒸汽动力战舰，以后各大国建造的铁甲舰也基本如此。

由于新型后膛炮出现和火药改进，军舰的舰炮由过去的“小而多”变为“大而

1866年7月20日，意大利同奥匈帝国的海军展开利萨海战的画面。

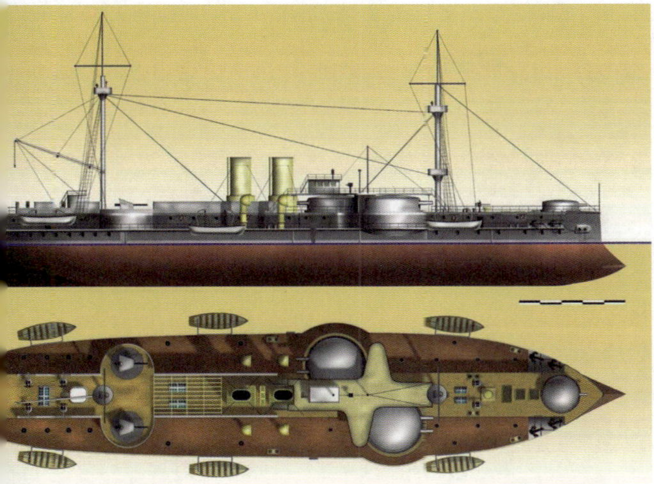

1882—1885年，德国建造并售给中国的“定远”级铁甲舰双视图，舰上有两座双联305毫米大口径炮的炮塔。

少”。英国首艘铁甲舰“勇士”号在1860年服役时，还像传统风帆战舰那样在两舷和甲板上装配口径127毫米的炮共40门。此后经过十几年，英国大型军舰主炮都更换了大口径，如“勇士”号铁甲舰改用4门203毫米口径的主炮，两舷只保留部分小口径炮。舰炮的位置也有了变化，一般是在主甲板的中央轴线上或者舰体两侧装配能360度全向旋转的装甲炮塔。

德国在19世纪80年代建造的7000吨级铁甲舰，更注重增大口径，4门主炮的口径都是305毫米，装在2座炮塔内，射程接近1万米，炮弹的弹头重量超过300千克。1885年售给中国北洋海军的“定远”舰、“镇远”舰，就是这种铁甲舰。

这一时期海军装备了鱼雷，标志着水下打击武器出现。1866年，英国人发明了使用压缩空气发动机带动单螺旋桨推进的鱼雷，1877年，英国制成世界上最早的鱼雷艇。1887年，俄国海军在对土耳其的海战中首次使用鱼雷，在60米外击沉了一艘2000吨的通信船。

此时鱼雷航速只有20海里（1海里=1.852千米），被攻击的舰只易于发现其暴露在水面上的航迹，若操作得当就能规避。不过鱼雷命中军舰造成的损伤通常比炮弹大得多，因为其打击的是水下部位，而水的密度是空气的1000倍

19世纪80年代生产的早期鱼雷艇，当时中国和日本都曾采购。

左右，同样当量的爆炸所传递的能量在水下比空气中要大许多倍，这就是“倍增效应”。

鱼雷的出现，可称海战装备发展史上最重大的发明之一，几十吨重的小艇也拥有了击沉万吨巨舰的能力，海战模式与战术由此发生了巨大的变化。鱼雷的诞生还催生了潜艇、驱逐舰、鱼雷艇等一大批新型舰艇的诞生，海军舰艇发展出现了“轻重搭配”——在发展装配重炮的战列舰、装配中型火炮的巡洋舰同时，发展装配鱼雷的驱逐舰、鱼雷艇。

中日甲午战争中的海战成为舰炮和鱼雷并用的首个典范。

日本自1868年开始明治维新后就实行对外扩张的国策，以德国为师建设陆军，以英

日本所绘的甲午海战油画，前舰为中国的“定远”号。

国为师建设海军。在1894年日本挑起侵华的甲午战争前，中国海军总吨位为8万吨，不过南洋、福建和广东水师以没有铁甲舰为由不肯参战，只有拥有4万吨位的北洋海军单独支撑海战。

在北洋海军中，购自德国的“定远”号、“镇远”号这两艘7300吨排水量的铁甲舰是中坚力量（每艘购价180万两白银），还有“致远”号、“济远”号、“靖远”号、“经远”号、“来远”号和“平远”号为2000吨级的铁甲巡洋舰，其余战舰属木质铁皮船，舰队在航速、速射炮和舰龄方面都不如日本。

军旅画家游健的油画《甲午英魂》，反映了北洋海军的悲壮场面。

此时日本海军总吨位达到6.13万吨，第一线主力舰13艘全是铁甲舰，多是刚从英国购买，装配的速射炮多，炮弹又采取新式炸药。例如，其“吉野”舰是1893年英国刚下水的世界上航速最快的巡洋舰，购价200万日元（折合140万两白银），排水量4200吨，时速达23海里，远高于中国的“定远”号、“镇远”号舰最快14.5海里的航速。

中国海军拥有大小鱼雷艇30艘，基本是从德国、英国购买，时速为15~18海里。日本海军有24艘鱼雷艇，有14艘外购、10艘自制，时速达21海里。北洋海军因封建官僚式的管理和衙门习气充斥，鱼雷艇因保养不好，时速多由18海里降到12海里。英国远东舰队司令斐利曼特尔中将参观了北洋舰队的鱼雷艇队后就曾警告：“中国水雷船排列海边，无人掌管，外则铁锈堆积，内则污秽狼藉。”

甲午战争期间，中日之间进行了丰岛、大东沟和威海卫3次海战，其中1894年9月17日的大东沟海战（亦称黄海海战）是主力决战。此次海战中日舰发挥了航速快和舰炮射速快的优势，以舰炮击沉中方军舰3艘（包括“致远”号），以鱼雷击沉“经远”号，“广甲”号逃跑时沉没。北洋舰队的水兵以较精湛的炮术重创了几艘日舰，却因炮弹爆炸力差都未击沉（这样其多数很快能修好），发射鱼雷因技术水平低而一枚未中。中方虽有邓世昌那样英勇的将领，也无法挽回大局，此后北洋舰队躲入威海港不敢再出海迎敌。

1895年2月，日军以登陆抄后路的方式，陆军在威海后面攻击，再以舰队堵口。北洋舰队在港内做了顽强抵抗，日本鱼雷艇潜入实施了夜袭。日军艇长铃木贯太郎驾艇乘着一个大浪，翻越栅栏冲入北洋舰队锚地，以鱼雷击中旗舰“定远”号使其搁浅，其他日军鱼雷艇同时击沉了“来远”号和“威远”号。日军此战在世界上首创了鱼雷艇击沉大舰的纪录，铃木贯太郎由此成名后升至海军大将，还成为50年后主持日本投降的首相。

威海告急时，奉命出击的北洋水师鱼雷艇又乘机逃跑，遭日舰拦截或毁或降。坚持战斗到底的水师提督丁汝昌自杀后，舰队以缴舰投降而覆没。北洋舰队的悲剧，既是装备上的落后所铸成，更是封建专制下腐败风气侵蚀军队的恶果。

日本海军以各个击破歼灭俄国两大舰队

甲午战争以清军陆战和海战双双惨败结束，向亚洲扩张势力的沙皇俄国却插了一手，将海军舰队开到中国烟台和日本长崎，逼迫日本向中国“交还辽东”，随后自己却“租借”了旅顺、大连。日俄矛盾随之尖锐化，英国和美国为抗衡俄国而支持日本。

日本的这幅油画，表现了黄海海战中“松岛”号中弹受损，重伤的水兵三浦还在哀叹：“定远怎么还打不沉啊。”

1903年英国刚建成的排水量1.5万吨的世界最大战列舰，就以140万英镑（折合800万日元，或600万两白银）的价格售给日本，成为联合舰队的旗舰“三笠”号。甲午战争后的8年间，日本从英国、意大利外购了20万吨军舰，同时本国造船业也能建造轻型巡洋舰（多数部件仍靠外购）。

俄国军舰多数是自制，却依靠法国设计并进口其轮机和装甲钢，少量军舰如“瓦良格”号巡洋舰直接从美国购进。此时沙俄统治的腐朽也深入海军，军官大多追求享乐而无心训练，士兵多来自农夫，不少水手还不会游泳。俄舰打靶经常弄虚作假，如1903年沙皇检阅海军时舰炮开火后靶船都应声爆炸沉没，事后被揭露是在船上早做了手脚。

新兴的资本主义日本对军队却以训练严酷著称，水兵基本从熟悉大海的渔民中征召，后来的实战证明其海军操作和战术远胜俄军。

日本攻击俄国被人称为是“恶狼挑战熊”，因对俄开战前日本政府年财政收入为2亿日元，仅为俄国的1/7，人口不及俄国的1/3。日本海军总吨位26万吨，俄国为56万吨，不过俄国的战略地理弱点是远东地广人稀，西伯利亚铁路在1905年夏天前还不能完工（中间贝加尔湖一段靠马车倒运），战前远东舰队只有19万吨军舰，驻扎陆军仅10万人，俄国总体军事优势在远东对日本却成了局部劣势。

日本联合舰队的旗舰“三笠”号，是英国1903年制造的世界最大一级吨位的战列舰，排水量1.5万吨。

俄国的巡洋舰“瓦良格”号是在美国订购的，其在开战后即在仁川被围而自沉。

明治天皇和身边一些要人在对俄开战前曾久久犹豫，认为是“赌国运”。他们最终决心开战时，要求先打垮俄国远东舰队，再打俄国陆海援军，如首战不利自己就必败无疑。

1904年2月8日，日本对俄断交已两天并撤走日侨，驻泊旅顺的俄太平洋舰队仍认为日军不敢向自己开战，军官彻夜参加宴会不归舰。2月9日凌晨，几艘亮着俄军灯光信号的日本鱼雷舰闯到港口边，发射鱼雷击中3艘俄国战列舰使其受重创搁浅。同日上午，日本联合舰队开入朝鲜仁川港，击沉俄舰“高丽人”号，并围攻“瓦良格”号巡洋舰。“瓦良格”号击沉日军1艘驱逐舰后因不肯投降自沉，后来被俄罗斯称为“英雄舰”，有多艘军舰沿用此名。

日本自认为以弱击强的有效办法，就是不顾国际法采取不宣而战的偷袭，后来袭击珍珠港也延续这一思路。俄国远东舰队损失几艘大舰后，在旅顺港坚守而让出制海权。日本得以将20多万名陆军海运到旅顺背后登陆，沿用消灭北洋舰队的故伎，以海军舰队堵住港口出海处，陆军攻击要塞以达成“瓮中捉鳖”。

俄国海军如同当初的北洋舰队一样，在旅顺港内闭门等死，当时一个英国海军专家对此大惑不解。此人在《泰晤士报》上发表文章提出，俄国太平洋舰队和日本联合舰队实力相

表现日本鱼雷艇偷袭旅顺港外俄舰的画作。

近，开出去决战哪怕全军覆没，日本舰队也将损失惨重，变得根本不是正在向东驶来的俄国舰队的对手。但怯战情绪支配了俄军太平洋舰队，他们只想等待国内舰队来援。

此时俄国海军主力是波罗的海舰队，若有良好动员机制，其驶到远东最多不过3个月，与俄太平洋舰队会合就能形成吨位2倍于日本的海上优势。但俄国军事机器却已腐朽生锈调度不灵，波罗的海舰队启航准备竟用了8个月，直至1904年10月才出航。

困守旅顺的俄国海军的一些下级军官不甘无所作为，在港外的日军封锁巡航线上布置了雷区，并偷偷移动了日舰此前在海区内设置的警戒浮标。5月14日，日舰在旅顺外海巡逻时“宫古”号巡洋舰首先触雷沉没，接着1.4万吨的战列舰“初濑”号也被水雷

表现俄国波罗的海舰队启航前由东正教牧师为其祈祷的画面。

日本所绘的旅顺口外黄海海战的画面，此战使俄太平洋舰队困守港口不敢再战。

炸中逐渐倾斜下沉，前往抢救的“八岛”号战列舰又触雷迅速沉没。其他日舰在混乱中逃跑，“吉野”号被另一艘装甲巡洋舰拦腰撞沉。俄军此次水雷战获得世界海战史空前的战果，因而后来在世界大战中都把布雷当成海战的第一要务。

日本6艘战列舰因此次触雷沉没了1/3，俄军舰队仍不敢出海。8月旅顺要塞遭日军猛烈攻击，太平洋舰队才于8月10日向海参崴突围，日舰在港外拦截爆发了黄海海战。

日俄舰只数量相差不大，俄国海军炮术却很差，未击伤日舰，自己的旗舰中弹导致司令官阵亡。俄舰失去指挥后，少数逃到青岛、上海等中立港口被扣留，多数逃回旅顺。回港的俄舰火炮大多被搬上岸保卫要塞，水兵被当成步兵，尽管他们陆战勇猛，却是军种使用上的败笔。

日军使用280毫米口径的巨炮轰击旅顺的历史照片。

1904年12月5日，日军以1.7万人

俄军战舰在旅顺口内尽遭日军炮火摧毁的历史照片。

描绘波罗的海舰队遭受日军鱼雷艇攻击的宣传画，右上角为东乡平八郎。

的惨重伤亡攻占俯瞰旅顺的制高点203高地，在此设立火炮观察所，引导280毫米口径重炮像打靶式地轰沉了港内俄舰。1905年1月初，旅顺俄军全部投降。

看到俄太平洋舰队主力已覆没，俄国军方许多人认为波罗的海舰队再劳师远征已犯兵家大忌。沙皇尼古拉二世却像赌徒一样想翻盘，仍下令这支舰队去远东，想打垮前一段时间经激战受损耗和疲惫的日本舰队。殊不知远航后疲惫不堪的是俄国舰队，日本舰队在旅顺告捷后回国进行了几个月维修保养，已经是以逸待劳。联合舰队司令东乡平八郎特别重视炮术训练，他的名言是“一门百发百中的大炮，胜于百发一中的一百门大炮”。

1905年5月27～28日，东乡平八郎指挥有23万吨位的日本联合舰队在对马海峡迎击远航了1.8万公里的俄国舰队（有27万吨位）。日俄海军的大舰、火炮数量基本相当，俄舰却因远航太久船底长满附着物使航速降至9海里（只及日舰一半），官兵士气低落。已精心操练

表现对马海战开始时日本联合舰队指挥者的油画，右四为东乡平八郎。

了几个月的日本海军白天以炮轰打乱了俄国舰队，晚间又出动大批轻型驱逐舰、鱼雷艇在那个“鱼雷之夜”击沉多艘大舰，次日白天又以全部主力拦截残剩的5艘俄舰迫其投降。

这次对马海战的战果令世界愕然，俄舰19艘沉没，5艘被俘，只有2艘进入海参崴、3艘逃到菲律宾（其中包括巡洋舰“阿芙乐尔”号），官兵死亡4830人，司令官以下被俘5917人。日军只损失3艘鱼雷艇，阵亡117人。美国总统西奥多·罗斯福称这简直是“一场屠杀”，并认为日本实力发展已令人恐怖而需要警惕。

日本对俄海战的胜利，既显示出引进的英制战舰及其技术优越，也说明日军超强训练的成效，如对马海战前日军几次打靶就消耗了相当一年所用的弹药。俄国海军同清朝海军有同样的弊病，重量轻质，上层昏聩，作战思想保守僵化，虽有吨位优势却完全陷入被动挨打的局面。海军应作为一个以攻击为主的军种，如果困守变成“港口舰队”，就必败无疑。

描绘对马海战中俄军战舰沉没场面的画作。

描绘英国“无畏”号战列舰的油画，它的服役开辟了建造无畏舰的海军竞赛。

对马海战之后，俄军对日军仍有经济力和陆上兵力优势，海军的丧失却使太平洋沿岸数千公里海岸失去保护，俄国国内又爆发革命，沙皇被迫承认“南满”属日本势力范围而议和。

建造无畏舰竞赛将世界引向大战

1905年日俄战争结束后，世界海军发展进入一个竞相发展“大炮巨舰”的阶段，国际战略格局也有了重大变化。

当时列强发展舰队的主要借鉴是对马海战这一战例。大型军舰的吨位和舰炮起决定作用，同时驱逐舰、鱼雷艇的夜袭也能发挥“小艇击沉大舰”的威力。于是，列强海军竞赛便以建造装配大口径火炮的战列舰为主，以建造能发射鱼雷的舰只为辅。

1905年英国开始建造“无畏”号战列舰，1906年下水，其排水量1.8万吨，装配305毫米口径的舰炮10门（5个炮塔），时速达21节（即21海里）。

英国“无畏”号战列舰的侧视剖面图，从侧面只能看到其5座炮塔中的4座（有1座在另一面被遮蔽）。

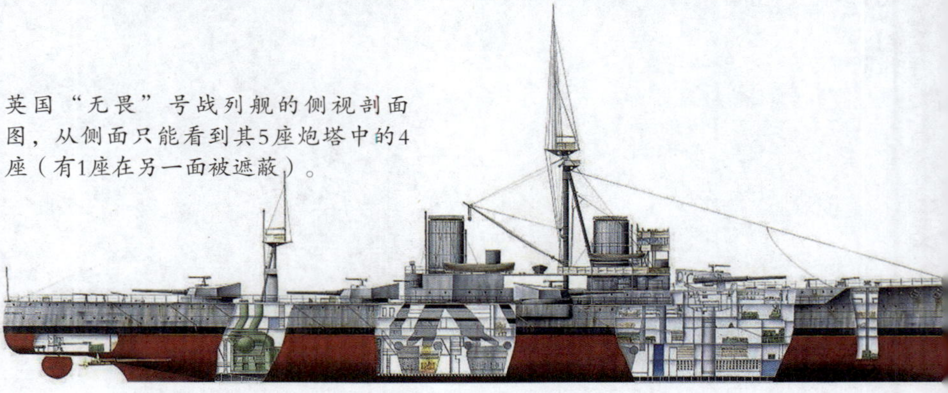

表现德军“大洋舰队”的油画，当时德国大造战列舰同英国展开海军竞赛。

接着英国批量建造此类舰，吨位都超过2万吨，被称为无畏舰，以往旧式战列舰与之相比都显过时。德国也建造同类的“拿骚”级战列舰、美国则建造“南卡罗来纳”级战列舰，海军就此进入“无畏舰时代”。

英国建造无畏舰时，又建造了一种战列巡洋舰，单价也超过200万英镑。它的装甲厚度比战列舰薄，吨位和火炮口径相当，速度却超过战列舰接近巡洋舰。德国在战列舰和战列巡洋舰的建造上都同英国展开竞争，至1914年英国建造了32艘战列舰、10艘战列巡洋舰，德国制造了19艘战列舰、7艘战列巡洋舰。

此时英德两国军费投入和造舰水平已相当，英国因多数军费投入海军可保障年度造舰费达1700万英镑，德国因陆军、海军建设并重而导致年度造舰费只相当于1000万英镑。不过，此时德国工业产值已仅次于美国，居世界第二，德国拥有头强陆军同时又想建设强大海军，这使英国自认为遇到最大挑战。因此，1907年英国同俄国和解并同意提供大额贷款，就此形成英、法、俄同盟对付德国和奥匈帝国的同盟。

此时俄国军舰所剩无几，从1909年起向英国商定10年内借款10亿卢布（相当1亿英镑）后，将其中一半用于重建海军。俄军引进英国的火炮、轮机和装甲钢，在1914年第一次世界大战开始时建成了排水量2.3万吨的“甘古特”级战列舰4艘（这些舰一直用到第二次世界大战）。大战中俄国又建成3艘“玛丽亚皇后”级战列舰，却在战时损坏或在内战时被白军掠到国外。

日本因对俄战争欠下内外债13亿日元，1906年开始建造2艘近2万吨级的“萨摩”级战列舰，1909年又拨出1.5亿日元（相当2400万英镑）在5年内实行舰队更新，包括制造2艘2万吨级的“河内”级战列舰，还购进英美造船设备。这4艘战列舰在1910—1912年下水，却已落伍于“无畏”舰，日本在1911年委托英国设计建造了一艘命名为“金刚”的战列巡洋舰，国内再仿建3艘，至1915年日本终于拥有4艘具有世界先进水平的“金刚”级战列巡洋舰。

此时法国将主要财力投入陆军建设，在大战爆发前只建造了4艘“孤拔”级战列舰。

德国陆军建设同法国、俄国展开竞赛时，海军又同英、法、俄展开造舰竞赛。这三个对手在1913年的造舰费达4200万英镑，德国只有其1/4。德意志第二帝国头目都认为这样会拖垮自己，不如让海军采取守势，以陆军优势先打垮法、俄，再集中力量对付英国，世界终于就此走向大战。

第 肆 章

第一次世界大战使海战走向立体化

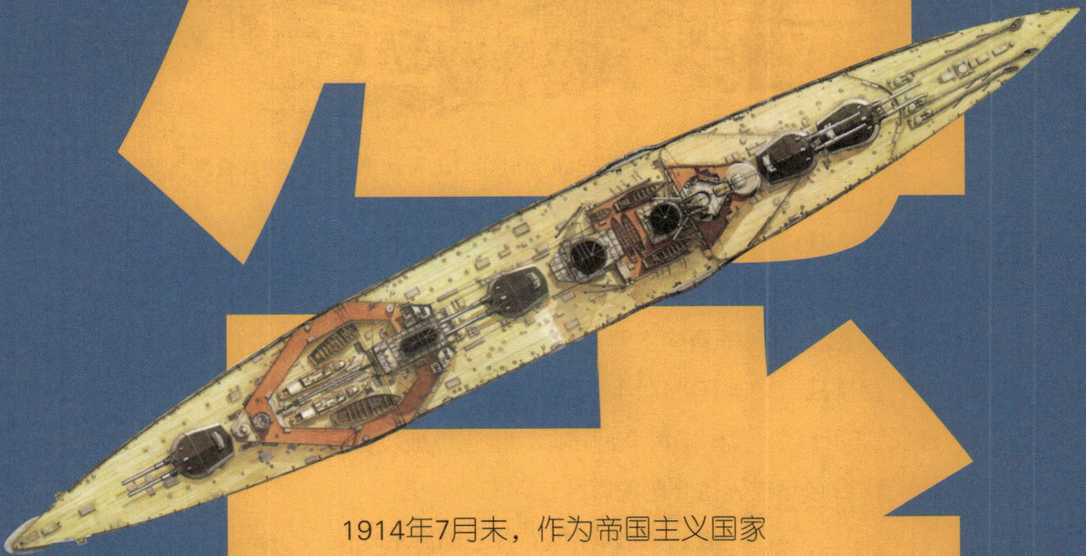

1914年7月末，作为帝国主义国家之间争霸的不义之战—— 第一次世界大战爆发。德国联合奥匈帝国、土耳其和保加利亚结成同盟国，英国、法国、俄罗斯、日本等国结成协约国（意大利、美国、中国后来也参加），双方主要以欧洲大陆为战场交锋，海战却由大西洋扩展到印度洋、太平洋，潜艇战、航空母舰攻舰这类战法登上军事交锋舞台，世界海军作战史也进入一个全新阶段。

英国在19世纪至20世纪初所拥有的庞大铁甲舰队使其在世界上居于超强地位。

英国军舰率先“煤改油”又增大优势

近代海军是西方国家争霸的主要工具，大英帝国作为海上霸主最不能容忍的，就是他国海军向自己挑战。德国在1871年打败法国后被公认为世界陆军头强，1898年又制定了发展大洋舰队的计划，英国随后联合法国、俄国结成反德同盟。西方列强将发展海军列为重要项目，到1914年世界各强国海军吨位如下：

表1　1914年世界各强国海军吨位

英　国	271万吨	德　国	130万吨
美　国	99万吨	法　国	90万吨
日　本	78万吨	俄　国	68万吨
意大利	50万吨		

此时制造军舰的主要材料是钢，国家冶金能力是造舰基础。1913年世界各主要国家的钢产量如下：

表2　1913年世界主要国家的钢产量

美　国	3180万吨	德　国	1832万吨
英　国	778万吨	法　国	469万吨
俄　国	423万吨	意大利	93万吨
日　本	25万吨		

英国在钢产量落后时仍能保持造舰量第一，主要是因陆军投入少，并且大量进口钢材。日本此时冶金业还很落后，却穷兵黩武，大力造舰，钢材大部分靠从美国进口（第一次世界大战后才能以国产钢满足造舰）。此时美国的工业产值已占全球的1/3，却未参加军备竞赛。

当欧洲两大阵营建造无畏舰的竞赛加剧时，英国海军率先采用了燃料由煤向油的转换，老牌的海军强国有了新优势。

石油是燃烧值远高于煤炭的一种能源。1859年8月，美国人埃德温·德雷克首次进行了石油的商业开采，起初主要用途只是给燃灯提供煤油，至19世纪后期有人将其用于驱动新发明的汽车，有些舰船也开始将重油散布在煤炭上以增加火力。

燃油用于舰艇后大大提高了航速，在载运同等重量燃料时可成倍增大航程，舰上还可减少锅炉数量和从事加煤繁重劳动的人力。英国近代海军的奠基人费舍尔被人称为“石油狂”，他在1904年就任第一海务大臣之后便要求将舰艇燃料从煤向石油转换。

改革往往会触犯既得利益集团。英国海军与煤炭供应商有着千丝万缕的密切联系，许多高官就凭借本国有着世界最好的优质煤却不产石油，进口油源又不可靠，使舰艇“煤改油”拖了几年未定案。1911年，年仅37岁的温斯顿·丘吉尔成为英国最年轻的海军大臣后，他马上突破阻挠，下令军舰采用燃油锅炉，使一级战列舰的航速从21节猛增至25节。此举虽耗费大量资金，战列舰造价也提高了1/4以上，每艘造价超过300万英镑，却

英国的“伊丽莎白女王”级战列舰，该级舰率先实现了燃料“煤改油”，不仅提高了航速而且增大了航程。

拥有了全球领先的航速。既有巡洋舰的较薄装甲，又有战列舰巨炮的战列巡洋舰，改用燃油后的航速更快。丘吉尔后来对此总结说：“冒险的奖赏就是优势本身，领先对手一年就可能使局势改观。”

德国、美国看到英国更新战舰的燃料，也相继为战舰更换锅炉和燃油，却迟了一两年。1914年英国军舰多数已使用燃油，德国军舰大多数仍在烧煤，英国海军的优势进一步增大。

没有基地的德国远东舰队难逃围歼

1914年8月初，德国对英、德、俄开战，方针是“陆攻海守”。德国陆军破坏比利时的中立地位，试图攻入法国直捣巴黎却未成功，又东进占领了俄国大片土地，其海军主力却守港避战。

大战开始后，英国海军封锁了德国通往北海的出海口，法国舰队将规模很小的奥匈帝国海军封锁在港中。刚重建的俄国海军一方面在波罗的海布雷，以阻止德舰攻击首都彼得格勒，另一方面则在黑海压制德国和土耳其军舰。同英国结盟的日本，开战后搜寻德国远东舰队并进攻德国占领的青岛。

战前德国在中国青岛有一支远东舰队，由斯佩中将率领，以“沙恩霍斯特”号和“格奈森瑙”号这2艘排水量1.1万吨、各装配8门210毫米口径炮的装甲巡洋舰为主力（第二次世界大战中德国两艘战列巡洋舰又以其命名），另有排水量5000吨的3艘轻型巡洋舰。开战后它们迅速驶向广阔的太平洋，11月间在智利沿海消灭了英国海军一支分舰队。此战德舰显露了威风，1个小时内就击沉了“好望角”号和“蒙默思”号2艘万吨级的旧式装甲巡洋舰，自己舰队仅被击中6艘并有2人受伤。

斯佩这一胜利却暴露了自己的位置，他的舰队没有补给基地，只得靠劫掠英国的领地和船只补充燃煤，很容易落入陷阱。1914年12月8日，斯佩舰队驶到福克兰群岛（阿根廷称马尔维纳斯群岛）的斯坦利港外，看到港内冒出的一股股烟柱，说明有英国舰队停泊。这支舰队实力强大，有2艘战列巡洋舰、3艘装甲巡洋舰、2艘

指挥德国远东舰队的斯佩中将。

1914年德国远东舰队的旗舰“沙恩霍斯特”号装甲巡洋舰，同年它沉没于福克兰海战。“二战”时，德国又以此命名一艘战列巡洋舰。

轻巡洋舰、1艘前无畏舰（旧式战列舰）。

斯佩此时猜测到英舰实力优于自己，唯一正确的战法应是让所有舰只用火力堵住斯坦利港的狭窄出口，让对手发挥不出数量优势而无法冲出，坚持到天黑再逃到夜幕中。但慌张的斯佩却让舰队转头北上逃走，英舰得到观察哨通知后马上全部出港，因航速快则越追越近，斯佩又让各舰分散奔逃，这更陷入任人宰杀的地步。

斯佩指挥的德国舰队在英舰追击下覆没的场景。

英国新型战列巡洋舰“无敌”号和“不屈”号排水量各为1.7万吨，都装配8门305毫米口径炮，以25节的航速追上了航速只有22节的“沙恩霍斯特”号和“格奈森瑙”号，并在1.4万米处持续射击。在这个距离，德国舰炮还击很难打中对手，几小时轰击后，“沙恩霍斯特”号、“格奈森瑙”号这2艘舰都因中弹太多沉没，斯佩本人也沉入海底。3艘德国轻巡洋舰在英国巡洋舰紧追不舍的射击中有2艘沉没，只有“德雷斯顿”号逃入夜色之中，该舰3个月后游荡到智利海面也被英舰截住后自沉。

福克兰海战中，英舰只中了几发炮弹，仅10人死亡。德舰有4艘沉没，1871人死亡，215人被英舰捞起后俘虏。英国战列巡洋舰在追击时速度快、火力强，是获得胜利的关键。

德国远东舰队的覆没证明，在海外没有补给基地的情况下，大中型水面舰无法打持久的海上游击战。此后德军水面军舰停止了远海作战（只有少数伪装舰采取袭击），英国的海外殖民地安全也得到了保证，其海上运输线只受到德国潜艇的威胁。

日德兰海上决战以德舰逃避告终

进入1916年春天，持续的海上封锁使德国人生活日益困难，英法等国却有源源不断的海外供应。德国以陆军猛攻凡尔登以图突破对方战线时，在海上也想重创对手。在此背景下，5月31日至6月1日，英德双方在丹麦的日德兰半岛附近海域爆发一场海战，成为

表现英国本土舰队出击参加日德兰海战的油画。

描绘离开青岛后驶入南太平洋的德国远东舰队的油画。

大战期间双方唯一一次主力舰队决战。英德共出动了265艘各类型军舰（其中英国149艘，德国116艘）和10万名海军官兵，在1000多平方公里的洋面上展开空前的海上交锋。

此时德国大洋舰队（亦称公海舰队）只有18艘战列舰，英国本土舰队却有33艘战列舰，何况德方已停建而英方仍在增建大舰。德国舰队司令舍尔想以少数舰只出击，诱使部分英国舰队前出，再集中公海舰队主力聚歼，一步步削弱英国舰队。

舍尔的命令刚下达，天机就已泄露。由于1914年8月俄军在芬兰湾口击沉德国“马格德堡”轻巡洋舰后，潜水员在军舰残骸中意外发现了一份德国海军密码本和旗语手册，并将其提供给英国，英国海军部因此破译了德国海军密码而事先知道了其计划。

5月31日，德国大洋舰队主力出海，包括16艘战列舰、5艘战列巡洋舰、6艘前无畏舰（旧式战列舰）、11艘轻巡洋舰和61艘鱼雷艇。英国本土舰队出动28艘战列舰、9艘战列巡洋舰、8艘装甲巡洋舰、26艘轻巡洋舰和78艘驱逐舰。英德双方战舰吨位对比为5：3，英舰火炮的口径更大，舰队平均航速也以21节超过德军的18节。德国因海军本钱小而珍惜军舰，设计时注重防护性，装甲厚且水密舱多，其炮术也略胜

德国大洋舰队驶向日德兰参加海战的场面。

德军的“皇帝”号战列舰在日德兰海战中开火的画面。

日德兰海战中因舰体爆炸而折为两段的战列舰。

英军一筹。

双方舰队各自的“诱饵”首先遭遇攻击，5艘德国战列巡洋舰同6艘英国战列巡洋舰展开了炮战。德舰采用了先进的全舰统一方位射击指挥系统，火炮命中率远远高于英舰。英国的战列巡洋舰重火力、轻防护，这造成敌炮弹命中后就能穿透装甲打入舰内，易于引爆弹药库。英国1.9万吨的战列巡洋舰“不屈”号首先被2枚穿甲弹击中，马上发生惊天大爆炸，带着舰上1017名官兵迅速消失在海面的硝烟中。接着，英国2.5万吨的“玛丽女王”号战列巡洋舰也因被打穿装甲，内部爆炸使舰体折断迅速沉没，全舰1275名官兵几乎都在旋涡中丧生，只有9人被爆炸气流甩到远处海面而幸存。“狮”号战列巡洋舰上的一座炮塔也被打穿引燃，幸亏及时注入海水才免于爆炸。

刚一交火，英国战列巡洋舰便2沉1伤，德军只损失2艘小型驱逐舰。英国舰队主力随

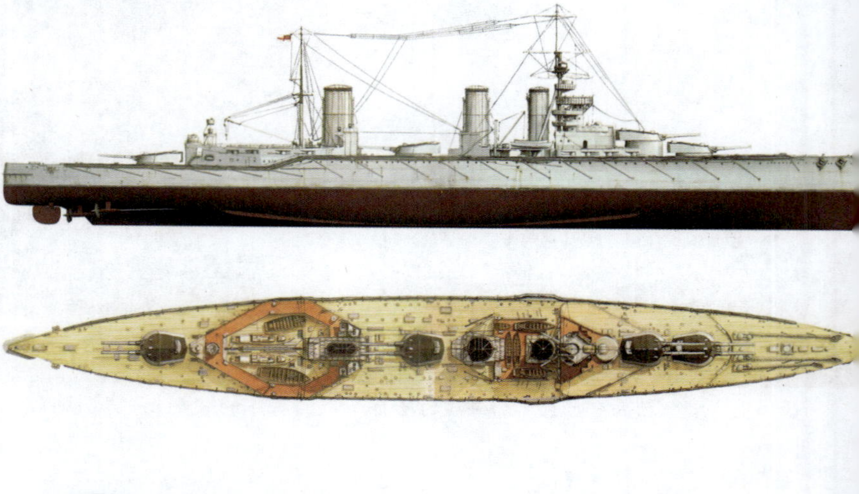

1910年英国建造成的“玛丽女王”号战列巡洋舰双视图，可看出其是4座炮塔8门主炮的布局。该舰在1916年日德兰海战中被炮弹击中后爆炸沉没。

在日德兰海战中英国驱逐舰发射鱼雷的情景。

之赶到，德国的公海舰队正好与之遭遇。

德国舰队原来想以多歼少，但此时已不能实现，于是利用英国舰队尚未展开队形之机，先集中火力击沉了英国战列巡洋舰队中的旗舰“无敌”号。随后，数量多、航速快的英国舰队对德国舰队展开包围之势，英国驱逐舰又扑过来发射鱼雷，击沉德国老式战列舰和轻巡洋舰各一艘，德国“吕措夫”号战列巡洋舰因中弹过多也被迫弃舰。

此时天色已黑，为保护大舰，德国驱逐舰如同狼群一般扑向对方，与英国驱逐舰在夜幕下混战。英国舰队决定让大舰先守在外围，等待天亮后再战，并认为“那将是皇家海军的一个精彩的白昼”，有希望实现长期以来想粉碎德国舰队的期盼。德国舰队从自身实力看，若天亮后决一死战，虽然英国舰队损失会不小，但最终惨败的却必然是自己。

表现日德兰海战中英德双方夜战的画面，此时德舰且战且退返回港口。

6月1日凌晨，德国舰队司令舍尔下令撤退，在黑暗中率队驶向自己领海的布雷区附近。德军旗舰在黑夜中对正方位，在雷区所留的秘密缺口前行引路，后面的军舰一艘艘鱼贯通过，返回到基尔军港。跟在后面的英国舰队虽追了上来，却害怕触水雷和遭遇鱼雷艇偷袭，停顿下来观望，天亮后只留下少量军舰监视封锁，主力返回本土港口。

对这场第一次世界大战中仅有的海上决战——日德兰海战，德国和英国都宣布自己是胜利者。从损失来看：英国沉没3艘战列巡洋舰、3艘轻巡洋舰和8艘驱逐舰，共11.5万吨，伤亡6945人；德国舰队沉没1艘老式战列舰、1艘战列巡洋舰、4艘轻巡洋舰和5艘驱逐舰，共6.1万吨，伤亡3058人。就战术而言，德国人的确是这场海战的胜利者，尤其是火炮射击技术显示出优势。再如德国战列舰“塞德利茨”号中弹后进水近6000吨，仍然能返航回港，这说明其防护抗沉性要优于英舰。

从战略上看，此仗德国海军没能打破英军海上封锁，大洋舰队仍被困在港内，成了一支“存在舰队”。如同美国《纽约时报》对此仗所评论的那样：“德国人攻击了它的牢狱看守，但是仍然被关在牢中。”

日德兰海战作为战列舰时代规模最大也是最后一次舰队决战，表明大炮巨舰主义走到尽头。此后，各海上强国开始研发争夺制海权的新型力量和探索新战法，潜艇破袭战和航空母舰攻击都是这一探索的产物。从这个意义上说，日德兰海战送走了人类海战史上一个旧的时代，同时揭开了人类海战史上的新篇章。

德军潜艇战开创全新海战形式

19世纪末，工业和科技的迅猛发展已使现代潜艇出现，其创造者就是被后人尊称为“现代潜艇之父”的爱尔兰人约翰·霍兰。此前的原始潜艇靠人力驱动无法远航，随着内燃机和蓄电池的发明，潜艇实现了水下远距离潜行。1897年，美国海军自筹资金建成了“霍兰”号潜艇，使用了“双推进装置”——水面航行用汽油发动机，水下航行时用蓄电池为动力的电动机。“霍兰”号上有5名艇员，有一具艇艏鱼雷发射管。

有“现代潜艇之父”之称的约翰·霍兰站立在他设计的潜艇指挥台围壳上的照片。

这一新水下兵器出现后，各海军强国纷纷生产，大战爆发前装备的潜艇数量是：德国28艘，法国38艘，俄国23艘，美国50艘，英国76艘。从质量上看，德国潜艇最好。

美国人根据霍兰的设计建造的最早定型的潜艇内部结构图。

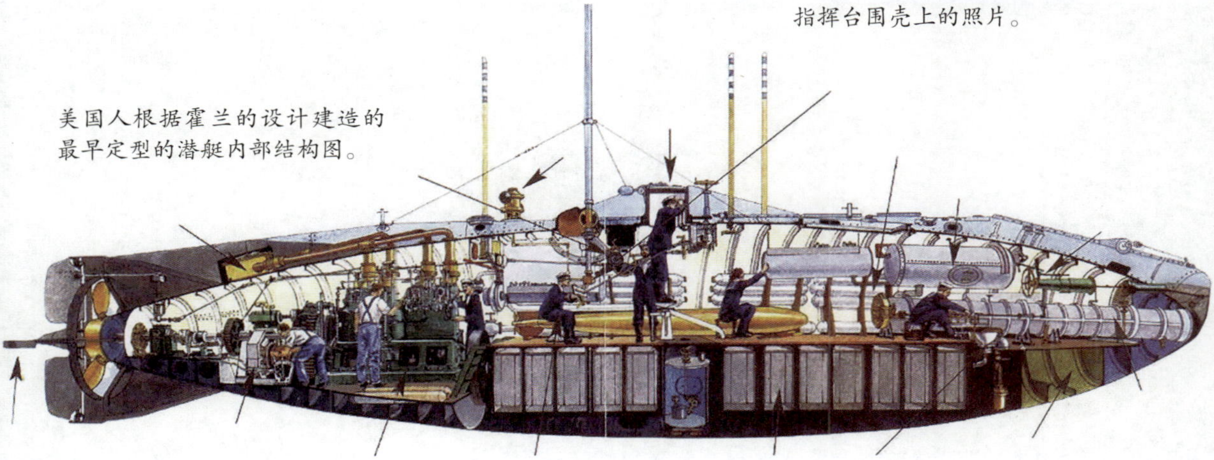

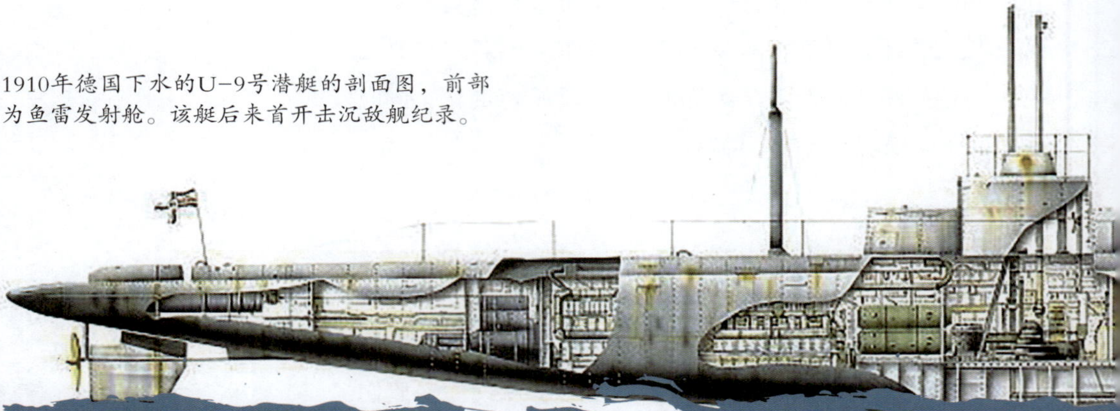

1910年德国下水的U-9号潜艇的剖面图，前部为鱼雷发射舱。该艇后来首开击沉敌舰纪录。

1913年，德国造出专用于潜艇的柴油机，由此建成了最先进的柴油机——电动机潜艇。其下潜深度达48米，蓄电池可供潜航1小时，能量耗尽后需浮出水面用柴油机充电。直到今日，绝大多数常规动力潜艇还沿用着这种动力形式。

起初各海军大国还怀疑潜艇的作战能力，大战开始后不到两个月，德国潜艇创造了“一艇沉三舰”的经典战绩，让全世界都看到这一新型武器的威力。

1914年9月22日，德国U-9号潜艇在靠近英吉利海峡处发现了3艘英国重巡洋舰靠近，其排水量均为1.2万吨。此时英舰还无反潜意识，首艘接近U-9艇的潜伏位置时就被发射的鱼雷击沉，另一艘却以为是撞上水雷而停下抢救落水者，又被接着发射的两枚鱼雷击沉。第三艘英国巡洋舰这才意识到遭遇潜艇攻击，便向怀疑是德艇的位置不断开炮，却没有做规避反潜动作，结果也被潜艇接着发射的鱼雷击沉。

1小时内英国有3艘万吨级的巡洋舰被潜艇击沉，1459名官兵阵亡，这一战例促进了传统海战思想的转变，海战由专注海面变为需要兼顾水下。

表现德国U-9号潜艇一举击沉3艘英舰后凯旋回到国内港口的画面。

表现1914年9月22日德国U-9潜艇战绩的油画，近处被击中的是第三艘“克雷西”号装甲巡洋舰，远处已经倾覆和沉没了2艘英舰。

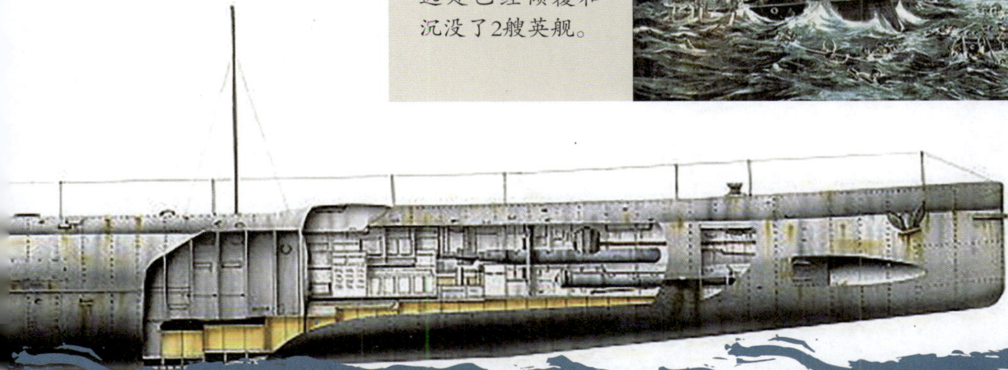

1915年元旦，德国潜艇击沉了排水量1.5万吨的英国“可畏”号旧式战列舰，这让潜艇成了第二帝国海军的新希望。他们向政府夸耀说：“我们没有制海权，但是我们有U艇。”2月5日，德国宣布开始第一次无限制潜艇战，即对接近英国的船只都要击沉，想以此窒息对手的经济运转。不过美国因船只和人员受损，随即发出参战威胁，德国又被迫下令停止攻击民用客轮，这就使封锁难以实现。

西欧战场陷入僵局后，英法企图先打垮加入德国一方的土耳其奥斯曼帝国，调集舰队到希腊。1914年12月，英国潜艇击沉了土耳其一艘陈旧战列舰。1915年4月，英法联军在土耳其的加里波利半岛登陆，准备直捣首都伊斯坦布尔。德军马上派出U-21号潜艇穿过封锁，航行4000余海里进入地中海，并在5月25日夜间接近协约国在希腊的海军锚

描绘德国U-21潜艇作战的画作。该艇在希腊港口击沉2艘英国战列舰，在整个第一次世界大战中共击沉了协约国近10万吨的船只，成为战绩最大潜艇之一。

地。此时协约国以为地中海没有敌方潜艇，只对海面实施警戒。U-21号从水下钻进有几十艘舰船的锚地后，首先选中英国的旧式战列舰“凯旋”号发射鱼雷，命中后引起了舰内爆炸，使其几分钟后就沉入海底。英法舰队顿时四处搜索，U-21号却藏在“凯旋”号残躯旁躲过搜索。

过了两天，U-21号待港内平静后，发射鱼雷击沉英国另一艘旧式战列舰“尊严”号，趁对方混乱之时溜出锚地。德军潜艇以偷袭的方式将2艘战列舰击沉，创造了海战史上的纪录，此后各国军舰都将反潜作为重要任务。

此时潜艇存在的弱点，是其很难攻击有准备的军舰。大战中期德国建造数量较多的UBIII型潜艇，排水量600多吨，水上最高航速可达13节，水下最高航速只有8节，而且蓄电池只能维持1小时的高速水下航行。受限于这种可怜的水下续航力，潜艇巡航时普遍在水上以柴油机驱动，发现目标驶来再下潜，且因水下航速低只能采用伏击，往往只有一次攻击机会。如发射鱼雷没有击中，目标驶走后潜艇也追不上，只能上浮后用炮轰击。当时潜艇击沉船只还多是开炮而非用鱼雷，在这种技术条件下只适合攻击速度慢又缺乏反潜手段的商船。

1915年以后，英国海军采取了针对潜艇的反制措施，开始使用“U艇诱饵”即外观看起来像是货轮的武装商船，船上隐蔽安装了火炮和鱼雷发射装置，诱使德国潜艇浮上水面靠近时再攻击。德国潜艇吃亏后就不轻易上浮，英国又采取了最行之有效的反潜措施——建立护航体制，让出海的船只编队由驱逐舰、护卫舰护航，遭到潜艇攻击就马上以深水炸弹反击。

描绘1915年德国潜艇击沉英国货船的画作，起初德军还按战争法则在发射鱼雷前允许船员乘小艇离开，后因英国采取“货船诱饵”而实行无警告攻击。

1917年初，德国见地面僵持难以打破，把迫使英法讲和的希望寄托于切断其海上运输，于是又宣布实行无限制潜艇战。德国新型潜艇投入作战，使一个月内的击沉船只总吨位达到了86万吨。英国海务大臣急忙要求政府采取措施，否则“战争必定失败，英国人民将要饿死”。

德国无限制潜艇战虽威胁到英国的命脉，却也使英国迎来了救星。1917年4月，美国以本国船只受损失为理由向德国宣战，它的参战让协约国的海上优势更大。

第一次世界大战期间，德国宣传潜艇战威力的宣传画，战争末期这是德国想取胜的主要希望。

美国参战后，协约国将1.67万艘商船编入护航船队，99%的商船都顺利抵达了目的地。英美两国还采取了主动攻击的方式，在德国潜艇出海处大量布置水雷，使其进入大西洋要冒很大风险。进入1918年后，一艘德国潜艇平均只能执行6次任务就会被摧毁，这种局面最终导致了潜艇部队士气崩溃。同年11月，德国海军基尔基地发生反战起义，导致了德国战败投降。

在第一次世界大战中，德国先后共建造了344艘潜艇，居各国海军首位。大战期间各国潜艇共击沉商船5000余艘，吨位1400万吨，德军潜艇占有其中的1300万吨。如U-35号潜艇共击沉了总吨位达54万吨的224艘舰船，创造了海战史上最高纪录（后来第二次世界大战时也未被打破）。德国的潜艇战虽然未能成功，但这一水下武器就此成为世界海军极为重视的装备。

航空母舰问世导致海空战走向一体化

第一次世界大战爆发时，已列入军队装备的飞行器——飞艇和飞机便开始投入作战。此前已经投入试验的飞机与军舰结合，在战时也派上了用场。

早在1910—1911年，美国海军就以飞机在巡洋舰上起飞，并获得了成功。1912年英国海军对一艘老巡洋舰“竞技神”号进行了大规模改装，在舰艏铺设了一个平台用于停放水上飞机，并加装了一个大吊杆对其进行搬运，从而建成了世界上第一艘水上飞机母舰。

描绘英国利用水上飞机进行反潜战的油画。

不过舰上所载的飞机都需要从水上起飞并在水上降落，然后再从水中提升到军舰上运载。

1914年12月25日，英国出动刚由渡轮改建成的3艘水上飞机母舰组成的一支特混舰队，在海上起飞袭击德国飞艇基地和港内舰队，因浓雾弥漫飞行员投弹不准，加上携带的炸弹威力也太小，最终未取得战果，但此举却向世人展示了以母舰从空中攻击敌舰的全新战法。

英国吸取这次突袭的经验，开始为水上飞机装载鱼雷。1915年8月12日，在土耳其海峡的作战中，英国从水上飞机母舰上起飞的飞机投下一枚367公斤重的鱼雷，击沉了一艘5000吨级的土耳其运输舰。这是水上飞机空中攻击的第一次重大战果。

进入1916年后，英国设计师开始研制能在军舰上起降飞机的航空母舰，让其直接使用陆基飞机。英国海军找到原准备卖给意大利的一艘客轮，从1917年开始改装，其方法是把舰桥、桅杆和烟囱统统合并到上层建筑的一侧，再把起飞甲板和降落甲板连为一体设在舰面的另一侧，至1918年9月建造完成了名为“百眼巨人”号的航空母舰。

英国第一艘航母“百眼巨人”号的照片。

“百眼巨人”号是世界第一艘能在甲板上起降飞机的舰只，排水量为1.45万吨，最大航速20节，可搭载飞机20架。其全通甲板长168米，甲板下有机库，装配了原来在陆地机场起降的“杜鹃”式鱼雷攻击机，有折叠式的机翼，能携带450公斤重的鱼雷。该舰刚完成，第一批准备上舰的飞机还未完成训练，大战就已经结束。

在将客轮改装为航空母舰同时，英国在1917年设计了一种专门的航空母舰，命名为“竞技神”号，刚建造完成不久战争便已结束。

航空母舰的建成和空中对军舰攻击的出现，加上潜艇的参战，标志着海战由平面走向立体，空中和水下都成了海军交锋的战场。不过，传统观念的改变往往不会一蹴而就，由于长期大舰巨炮主义的影响，航空母舰为主体的时代将会在下一次大战中到来。

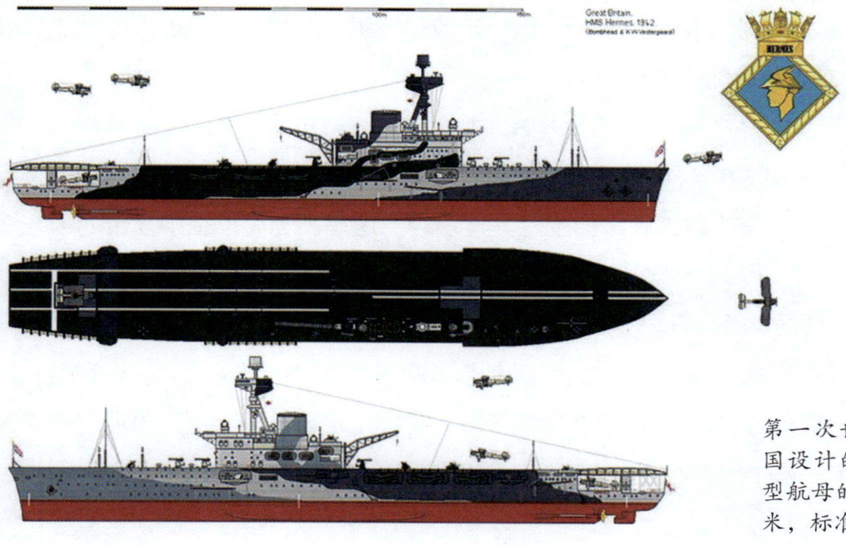

第一次世界大战结束前英国设计的“竞技神”号轻型航母的三视图。其长183米，标准排水量1.11万吨。

第伍章

战列舰失去“海军霸主”地位

从1918年第一次世界大战结束至1939年第二次世界大战爆发，航空母舰和潜艇的大量装备改变了海军结构。不过，受传统的大炮巨舰思想束缚，各强国海军的投资重点仍是战列舰。第二次世界大战爆发后的实战很快证明，水面大舰已挡不住飞机攻击，战列舰作为一种显得过时的武器就此从“海军霸主”的神坛上跌落下来，只能充当航空母舰的“保镖”或登陆作战的火力支援者。

描绘英国战列舰编队前进的油画。

各强国进行最后一轮战列舰建造竞赛

1918年11月第一次世界大战结束，战败的德国除了割地赔款，又将总吨位达80万吨的舰队驶到英国斯卡帕湾交协约国扣押。翌年签订的《凡尔赛条约》，规定德国只能保留10万吨军舰（其中只有6艘排水量不超过1万吨的大型舰），并禁止拥有军用飞机、航空母舰和潜艇。

1919年6月21日，不甘心让本国军舰被敌国瓜分的德国海军根据代号为“彩虹”的计划，将被拘押在英国斯卡帕湾的几十艘战舰自沉。协约国为表示惩罚，又将德国大量船舶没收并拆走大批码头设备。此举更增加了复仇情绪，使后来德国海军也支持纳粹上台。

作为战胜国的日本和意大利，战后都感到瓜分到的利益太少，这又播下日后他们同德国结盟反对英、法、美的种子。

大战结束后，英国、美国虽拥有世界最强的海军，但也想休养生息，因此同日本、意大利、法国达成了限制海

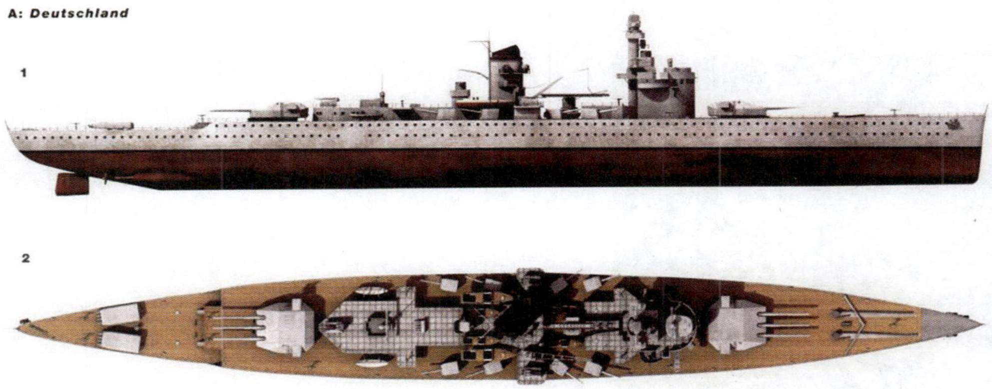

德国袖珍战列舰双视图，它以1.3万吨的排水量装配了三联的6门280毫米口径炮。

军发展的协议，在1922年结束的华盛顿会议上签订了《华盛顿海军条约》。条约规定，美国、英国、日本三国海军吨位和大舰比例为5：5：3，法国和意大利的比例都为1.75。条约还限制，主力舰（战列舰和战列巡洋舰）的吨位在3.5万吨之下，主炮口径不准超过16英寸（406毫米）。

英国在这一条约后丧失了世界“海上霸主”地位，美国海军与之平起平坐，日本一举跃入世界海军“老三”的地位。

华盛顿条约后，1921—1935年世界各国没有建造新的战列舰，进入一个“造舰休假期”，却对原有战舰进行过一系列现代化改装，特别是加装防空高炮和反潜装置。

战败的德国海军人数虽少，每个水兵却按军官标准培训。面对吨位限制，德国采取“小马拉大车”的思路，在1928年推出了对外声称排水量1万吨的“袖珍战列舰”（实际吨位为1.17万吨），装配6门口径达280毫米的舰炮，而这时排水量1.5万吨的巡洋舰上的火炮通常只是203毫米口径。

1933年初，纳粹党在德国执政。希特勒提出的扩张理论强调要夺取波兰、俄国这些“东方生存空间”，最重视陆军、空军而对海军发展投入有限。1935年6月，对法西斯奉行绥靖主义的英国同意德国海军的总吨位可限制在本国海军的35%之内，并与之签约。此时德军舰队总吨位仅有11万吨，按照《英德海军协定》就可扩充到46万吨。

油画《斯卡帕湾自沉事件》表现了1919年6月德国不甘交出军舰的海军官兵自沉军舰后的场面，英军监视官兵虽愤怒也无可奈何。

希特勒在海军总司令雷德尔上将陪同下视察新建的战列巡洋舰“沙恩霍斯特”号。

德国重振海军时，潜艇指挥官邓尼茨主张着重发展潜艇，认为建造水面大舰无论如何也赶不上英法。海军总司令雷德尔上将却按“平衡海军”理念主张大舰、轻型舰和潜艇并重，重点建造战列舰。希特勒从小喜欢玩大型军舰模型，因而批准了雷德尔在1939年初制订的6年内建造大批军舰的“Z计划”。

“Z计划”以建造战列舰为主，为此设计了排水量达5.6万吨、计划建6艘的“兴登堡”级战列舰，而且马上在船台上开工。2艘排水量4.1万吨级的“俾斯麦”级战列舰，此时也加紧施工。希特勒刚批准了“Z计划”，却很快抱怨：“等这些军舰造好，仗早打完了。”

希特勒急于发动战争，并想以“闪电”式袭击速胜，是感到拖延时间对资源贫乏的德国不利，因

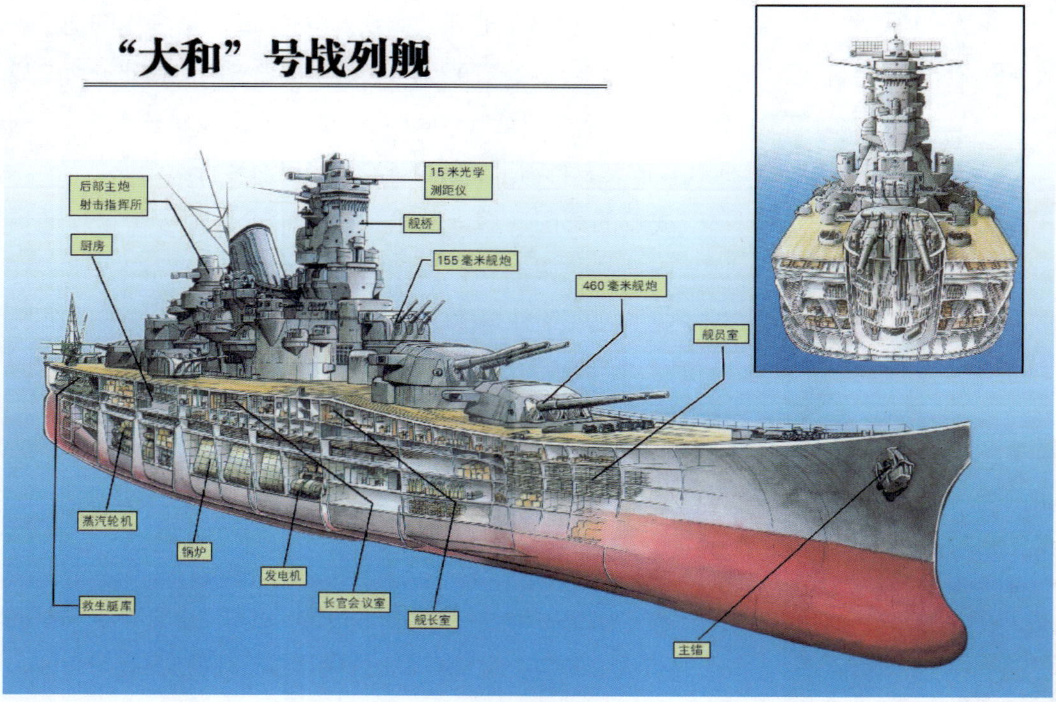

日本建造的当时世界上最大的军舰“大和”号的剖面图。

为这时英、法、美都启动了海军扩建计划。德国海军只建造好2艘“沙恩霍斯特”级战列巡洋舰，就投入了应对强手的战争，雷德尔虽向希特勒抱怨，却也只好尽力作战。

日本在20世纪20年代就注重建造航空母舰，但海军内部“大舰巨炮派”的势力仍很大。这派人认为本国工业无法同美国相比，不能搞战列舰数量竞赛，要“以质量胜数量”。美国因舰队要在太平洋和大西洋之间调动，受到通过巴拿马运河的限制，战列舰吨位不能超过5万吨。日本海军在太平洋内活动不受此限制，可建造吨位6万吨级战列舰，安装口径超大的火炮，达到“以一打多”的效果。

日本海军建造超大战列舰的计划受到航空部坚决反对，因其单价就达1.8亿日元，能采购3000架飞机。海军航空部教育部长大西泷治郎（即后来的“神风”突击队创建者）就跑到军令部长办公室内大叫：“你给我3000架飞机，我能炸沉任何舰队！”1936年日本海军高层仍最后拍板，通过从德国进口水压机等设备，从翌年10月开工建造“大和”号战列舰，1938年其二号舰“武藏”号也在船台架设龙骨。

英国1936年后开始建造的“乔治五世国王”级新型战列舰，有2座四联、1座双联的356毫米口径炮。

这两艘当时世界上吨位最大的军舰，分别于1941年12月和1942年8月服役。其标准排水量6.4万吨，满载排水量7.2万吨，最大航速27节，配备9门口径460毫米的巨炮（这是世界上口径最大的舰炮）。两舰建成后却派不上多少用场，大舰巨炮决胜已成“明日黄花”。

墨索里尼执政的意大利的目标是称霸地中海，一直注重海军建设。在第二次世界大战期间，意大利共拥有7艘战列舰，其中3艘为开战后才完工的新舰。

苏联在第二次世界大战前只保留3艘沙俄时留下的“甘古特”级战列舰，这幅画中的“马拉”号，战时遭轰炸受重创，修理后用巨炮作战直至战争结束。

英国因老舰太多，1936年才开始建造5艘“乔治五世国王”级新型战列舰，在1939—1942年陆续服役。该级舰排水量为3.5万吨，装配的火炮为356毫米口径。英国的新战列舰吨位不大，却因雷达技术在世界上领先，海战中仍占有某些优势。

20世纪30年代前期，美国只保持着15艘战列舰（还有训练用的3艘）。罗斯福总统看到有大战危险后，决定从1938年起至1940年开工建造3种级别共10艘战列舰。最后一型“依阿华”级共4艘，从1940年动工，至1944年才全部建成，其中的“密苏里”号作为日本降约签字舰而赫赫有名。

苏联建立后重点发展陆军和空军，第二次世界大战前的海军主力还是沙俄留下的4艘“甘古特”级战列舰，因缺乏配件只得将其中1艘退役并将零件拆掉，用于维修另外3艘。

各国在大战前仍把战列舰当作海军主力，事后看已是严重的思想落伍，新兴起的飞机、潜艇在大战中担当起海战主角。

欧洲海上初战便动摇战列舰地位

1939年9月，纳粹德国突袭波兰，第二次世界大战正式开始。此时英国海军总吨位为135万吨，法国海军有60万吨位，德国海军吨位只有35万吨。面对悬殊力量对比，德国海军决定以袭击商船方式来破坏对手海上交通，首先派出的是袖珍战列舰和战列巡洋舰。

战争一开始，德国海军“斯佩伯爵海军上将”号和“德意志”号袖珍战列舰便分别在大西洋的北部和南部袭击英国船只，还经常改换国旗。英国部署了多艘航空母舰和巡洋舰追捕，终于在1939年12月15日将“斯佩伯爵海军上将”号在阿根廷和乌拉圭之间的拉普拉塔河口堵住。面对英国4艘巡洋舰的围攻，德国舰长看到本舰中弹破损又缺乏燃料而突围无望，把军舰驶出港口自爆沉没。

希特勒得知此事，大骂“斯佩伯爵海军上将”号舰长自沉军舰是怯懦的表现，其实该舰出海作战必定舰沉人亡，自沉后舰员还能乘中立国的船只回国。此时英国和法国在大西洋掌握绝对制海权，游动的德舰在海外没有基地而无法维修补给，势必无法长久作战。

德国海军总司令雷德尔却不死心，1940年以后派开战后才改装完毕的“沙恩霍斯特”号和“格奈森瑙”号这两艘姊妹战列巡洋舰多次出海，拦截北大西洋上的英国商船队。这种战列巡洋舰航速高于英国战列舰、火力强于英国巡洋舰，发现英国船队之后有利就能打，不利就可跑，曾创造了一次击沉英国船只6万吨的战绩。不过英军毕竟拥有众多航空母舰，根据

描绘德国战列巡洋舰“沙恩霍斯特”号的油画，该舰以机动作战出名。

英国航空母舰舰载机攻击德舰“沙恩霍斯特”号和“格奈森瑙”号的场面。

描绘德国海军“斯佩伯爵海军上将”号袖珍战列舰的油画。

德国新建的“俾斯麦”号战列舰出击后同英舰战斗的场面。

船队的报告马上出动这些“海上浮动机场”，来搜索那两只“海上鳄鱼”。

德国战列巡洋舰虽然航速快，却没有空中掩护，英军舰载机发现它们后就投弹攻击。1941年3月，“沙恩霍斯特”号、“格奈森瑙”号都被500磅（约227千克）炸弹击中，只得逃回法国西部的布雷斯特港维修，遭到封锁后难以再出击。

此时，德国新建的战列舰“俾斯麦”号已完成海上试航正式服役，其标准排水量4.1万吨，装配8门381毫米口径的主炮（4座双联炮塔），最大航行时速30海里，以火力和装甲而论超过当时任何一艘英国战列舰。希特勒对它寄予厚望，视察时称其为“德国海军的骄傲”。1941年4月末，“俾斯麦”号在“欧根亲王”号重巡洋舰伴随下出海想拦截英国船队，英军却在北大西洋组织了几支拦截舰队，并以巡逻飞机和雷达对广阔海面进行搜索。

“俾斯麦”号同“欧根亲王”号进入丹麦海峡后，英国巡洋舰的雷达就发现其位置，老式战列巡洋舰“胡德”号和新服役的战列舰“威尔士亲王”号前往拦截。5月24日，双方在海上遭遇，“俾斯麦”号以其良好的炮瞄系统在20公里外两次齐射，多发击

中了英国排水量最大的军舰“胡德”号，因炮弹引爆弹药库，使这艘4.6万吨的战舰顷刻间带着1400名官兵翻沉海底。“威尔士亲王”号也被5发381毫米口径炮弹命中，数门主炮因故障与战损而无法发射，只得退出战斗。

“威尔士亲王”号的还击，也让“俾斯麦”号中了3发356毫米口径的炮弹，尤其是一个燃油舱被打穿，油迹流到海面上暴露了其随后的行踪。英舰同德舰交战是“以主对客”，负伤有后援，德舰却没有海外基地可以维修。“俾斯麦”号想返回德军控制下的法国布雷斯特港维修，急于复

描绘英国战列巡洋舰“胡德”号被“俾斯麦”号击沉的油画。该舰为追求航速而装甲较薄是被轻易打穿的原因。

1944年11月英国轰炸机在挪威港湾炸沉德国战列舰“提尔皮茨”号的油画。

仇的英国皇家海军却绝不肯放过丘吉尔所说的这艘“可怕的战舰”，派遣了8艘战列舰及战列巡洋舰、2艘航空母舰前往追捕，并以飞机、潜艇和雷达严密搜索。

5月26日，“俾斯麦”号被英军雷达锁定，航空母舰“皇家方舟”号马上起飞8架“剑鱼”式鱼雷轰炸机实施空袭，有3枚鱼雷命中，其中1枚击中舰尾使其无法控制航向。次日，英军追击舰队赶到，用炮弹、鱼雷轮番对操纵失灵的“俾斯麦”号实施攻击。这艘德舰顽固抵抗了几小时后最终沉没，舰上2000人中由英舰捞起100余人，由德国潜艇捞起10人。

“俾斯麦”号的沉没，标志着德国海军对英国水面破交战彻底失败，同时说明在海战立体化时没有航空兵掩护的大型军舰会十分脆弱。

作为“俾斯麦”号同型的姊妹舰“提尔皮茨”号，1941年末服役后就在英国飞机轰炸下藏于挪威北部港口，未参加一次海战，最终在1944年11月12日被英机炸沉。

在地中海战场上，1940年7月9日英军3艘战列舰在舰载机掩护下攻击意大利舰队，双方进行了卡拉布里亚海

英国“剑鱼”攻击机和驱逐舰一起用鱼雷攻击“俾斯麦”号的画面。

1940的11月英国舰载机攻击意大利塔兰托港的画面，当夜一举摧毁意军3艘战列舰。

战。英军飞机首先发现意舰并投弹攻击，英国“厌战”号战列舰的舰炮又以飞机侦察提供的数据，首创24公里外开火的世界海战纪录。意大利旗舰“朱利奥恺撒”号战列舰中弹受伤后，开炮还击却没有校正机引导，基本属于盲目射击，被迫退回港内。

1940年11月11日夜，英国出动航空母舰袭击意大利主力舰队停泊的塔兰托港，只耗用了8条鱼雷和少量炸弹，以被击落2架飞机的代价，在短短65分钟内击沉和重创意大利战列舰3艘（“维托里奥·维内托”号、“加富尔”号、“杜伊利奥”号）、巡洋舰2艘、驱逐舰2艘。惊恐万状的意大利舰队随后离开塔兰托港北撤，把地中海中部的制海权拱手让给了英军。

1941年9月德军飞机在列宁格勒海岸猛烈轰炸苏联战列舰的画面，被炸中的是“马拉”号。

塔兰托之战的重大意义，是改变了传统的海战形式，空中攻舰和航空母舰袭击对方军港成为全新作战形式，战列舰的地位就此大为下降。

苏联在“二战”时拥有的3艘老式战列舰没有参与海战，它们在1941年6月德国发起突袭后都退到港内，2艘在

日本画家所绘的1941年12月日军“一”式陆攻轰炸机炸沉英国“威尔士英王”号（前）和“反击”号（后）的画作。

列宁格勒海边负责轰击陆上德军。同年9月21日，德军以俯攻轰炸机投弹，命中了海岸边的“马拉”号，造成其舰桥和锅炉被毁而在岸边搁浅。苏军对该舰进行了堵漏和简单维修，又由拖轮牵引在岸边巡弋轰击，变成了“浮动炮台”。

苏军在列宁格勒的另一艘战列舰和在黑海的一艘战列舰，也曾被德机炸伤，虽经修复却奉命不再参加海战。战争末期苏军已经掌握了制空权，不过斯大林对海军使用仍沿袭了第一次世界大战俄国海军的思路，即尽量防止损失大舰，只以潜艇和水面小艇出击。

太平洋海战宣告“大舰巨炮”模式告终

1941年12月7日，日本联合舰队以袭击珍珠港挑起对美英的战争，战列舰的主角地位就此完全让位于航空母舰。

日军袭击珍珠港时，美国太平洋舰队的主力还是8艘战列舰，遭受空袭时有5艘沉没、3艘重伤。此后美国除继续完成已在船台上的4艘战列舰外，航空母舰成为建造重点。

太平洋战争爆发前夕，英国首相丘吉尔派出刚参加击沉德国“俾斯麦”号的排水量3.5万吨的“威尔士亲王”号新型战列舰，加上经过改装的“反击”号战列巡洋舰和新服役的“不挠”号航空母舰，组成了远东舰队（代号Z舰队）开赴远东威慑日本。不巧的是，“无敌”号航母在西印度群岛触礁，只得回港维修，Z舰队就此失去空中掩护。

1941年12月10日，英国Z舰队从新加坡出航，准备拦截向马来亚登陆进攻的日军舰队。日本侦察机提前搜索到英国舰队，接着从越南西贡基地起飞了59架“九六”式陆攻机和26架“一”式陆攻机直扑Z舰队。两艘英国大舰虽然以高炮对空射击，却因敌机众多导致火力分散，挡不住近1小时的反复俯攻。“反击”号被13枚鱼雷和数枚重磅炸弹击中，在水面上挣扎了1个多小时最后沉入海底。“威尔士亲王”号中了8枚鱼雷和数不清的重磅炸弹，舰队司令和全体官兵也一起沉入了大海。英军护航的4艘驱逐舰在日本飞机的打击下，也全数葬身于大海之中。

日军此次攻击，只被英舰击落了3架鱼雷机，另有20架参加攻击的飞机被高炮弹片或机枪弹击伤却能返航，以轻微损失创造了海战史上又一次空对舰攻击大捷。得知“威尔士亲王”号和“反击”号被炸沉，英国首相丘吉尔哀叹这是他“一生中最沉重和最痛苦的打击”。

英国远东舰队的主力舰沉没，时人称马来半岛“守军士气也随之跌入海底”。登陆的日军掌握制空权、制海权后，丧失了战斗意志的14万英联邦军纷纷投降。

1942年6月上旬，日本联合舰队主力进攻中途岛，以7艘战列舰为主力。美军以航空母舰设伏，击沉了日军4艘航空母舰，以“大和”号战列舰为旗舰的日军舰队司令山本五十六让舰队马上返航。他此刻清楚地知道，丧失空中掩护后舰队若再前进，就会像美国战列舰在珍珠港内被从空中打击消灭一样。

日本画家所绘的瓜岛附近海面实施夜间炮击的“金刚”号、“榛名”号2艘战列舰。

在瓜中岛附近的夜间海战时，美军战列舰由雷达引导开火，以“以明打暗”稳居优势。

作为太平洋战争转折点的中途岛海战后，美军于1942年8月在南太平洋的瓜达尔卡纳尔岛登陆展开反攻。由于美国航空母舰和岛上的航空兵掌握了制空权，日军水面战舰在瓜岛附近海面主要采取了夜间攻击的方式，4艘老式的“金刚”级战列舰被派到那里当了先锋。

1942年11月12～14日，美日双方的战列舰在瓜岛附近海面进行了第五次所罗门海战。此时美舰装备了新型雷达，能在夜间首先发现日舰，没有雷达的日舰只得靠打开探照灯搜寻目标再开炮，这只能暴露自己。日本舰队旗舰“比睿”号战列舰被美舰炮瞄雷达引导下的203毫米口径炮击中了50发，失去航行能力，天亮后就被持续来袭的美机炸沉，

1944年11月莱特湾海战时，日军战列舰倾巢而出进行决战的画面。

成为被美军击沉的第一艘日本战列舰。

日军的“雾岛”号战列舰夜间驶进瓜岛时，也被美军雷达发现，还没有搞清对手位置就被美军“华盛顿”号战列舰的406毫米重炮击中9发，导致多处起火，舵机失灵。看到天已渐亮，失去动力的“雾岛”号战列舰只好打开海底阀自沉，舰员搭乘其他军舰逃生。

“华盛顿”号战列舰一交火便以“单挑”摧毁了日军“雾岛”号战列舰，这显示出炮瞄雷达这一火控系统的巨大威力，没有雷达的军舰此时已等同于“瞎子”。

瓜岛海战后，日军战列舰长期不敢出击。1944年10月，美军在菲律宾登陆，日本海军根据“最后一拼”的要求，让躲在本土和新加坡的大舰倾巢而出，10月23～26日，美日两军进行了太平洋战争中最大，也是最后一场海上决战，史称莱特湾海战。

从参战舰只吨位来看，此战可称为人类战争史上规模最大的一次海战。日军出动77艘军舰，总吨位66万吨，包括4艘航空母舰、2艘

描绘“武藏”号战列舰遭美机猛烈攻击的场面。

由战列舰改成的“半航空母舰”（“日向”号、“伊势”号），还有包括世界上吨位最大的“大和”号和“武藏”号在内的7艘战列舰。美军出动170艘军舰，总吨位150万吨，其中有16艘航空母舰、6艘战列舰。当时美军最大的优势还在于掌握了制空权，日军战舰几乎得不到空中掩护。

10月24日，首次参加作战的“武藏”号战列舰遭到上百架美机9个小时轮番进攻，尽管日军拼命组织对空射击，仍中了20枚鱼雷和17枚高爆炸弹，最终沉入海底。“大和”号和其他几艘日军战列舰也相继中弹，因撤退迅速才免于覆没。

同日，日军南路舰队利用夜暗躲过空袭进入苏里高海峡，遇到美军6艘战列舰（大都是在珍珠港内捞起修复）的夜间拦截。日本老式战列舰“扶桑”号、“山城”号和“最上”号重巡洋舰航行在前面，被美军雷达在夜幕中锁定目标，几百发大口径炮弹在20公里外随之准确飞来，还看不到对手的日舰被打得根本没有还手之力。“扶桑”号战列舰中弹发生大爆炸迅速沉没而无一人生还，“山城”号战列舰中弹沉没时也只有10人被美军救起。“最上”号重巡洋舰中弹逃出战场，也未逃过天亮后被美机炸沉的命运。

苏里高海战，是历史上最后一次战列舰之间的海战。美军以1艘鱼雷艇为代价，能击

表现日本海军的“大和”号战列舰改装后出航的画面，可看出它的两舷加装了200多门小口径速射高炮，实际上仍抵挡不住强大的空中打击。

日本画家所绘的油画《“大和”的末日》，表现了这艘日本巨舰最后被击沉的场面。

美国吨位最大的战列舰“依阿华”级中的“密苏里”号的照片。

沉日军2艘战列舰，1艘重巡洋舰，火力优势加上雷达探测水平高成为获胜的根本原因。

莱特湾海战以日本海军惨败告终后，“金刚”号战列舰返航回国途中被美军潜艇击沉，成为被潜艇击沉的唯一的日本战列舰。2艘由战列舰改装的不伦不类的“伊势”级“半航母”在莱特湾海战中被炸坏不能再用，“长门”号、“榛名”号这两艘战列舰回到港内也未修好，只有排水量6.4万吨的世界上最大的战列舰“大和”号退到吴港这一主要军港后还能使用。此时美机对吴港不断轰炸，日本海军高层感到与其让“大和”号被炸沉，不如拼死一搏。

4月1日，美军在冲绳登陆，“大和”号接到命令带单程燃料前往那里，做“一去不复返”的“特攻”。日军高层此时方寸已乱，没有选择雨天出击，在晴朗的日子驶向冲绳的大型战列舰更容易被发现并遭攻击。

4月7日天亮后，“大和”号刚离开九州海面，巡航的美军侦察机便发出消息，从航空母舰上起飞的300多架美机相继飞到它的头顶。“大和”号上的高炮虽多达200多门，仍无法挡住2小时的轮番攻击，因中了10枚鱼雷和7枚千磅航弹而翻沉，2500名官兵随之葬身鱼腹。美军击沉这艘世界上最大的军舰付出的损失，只是10架飞机和12名飞行员。

“大和”号这个“日本海军的象征”葬身海底，也标志着日本海军基本覆没。美国战列舰没有了海战任务，主要担负登陆岛屿作战时的火力支援，406毫米口径的巨炮以直瞄对付日军海边工事还显得很有效。

1945年9月2日，日本无条件投降签字仪式在东京港内的美军“密苏里”号战列舰上举行，几十艘美军战舰环绕周围。“二战”结束后，各国战列舰很快都退役拆毁，英国只将一艘“前卫”号战列舰留存了15年作为皇家海军的象征。美国将“密苏里”号在内的4艘排水量4.6万吨“依阿华”级战列舰封存起来，在朝鲜战争、越南战争中启封参战，还参加了1991年的海湾战争，却只用于对岸攻击。海湾战争后它们彻底退役，战列舰也在世界海军序列中最后消失。

日本投降签字仪式正是在美军“密苏里”号战列舰上举行。

第陆章

航空母舰取代战列舰成为海战主力

航空母舰是现代“空一海”科技相结合的产物，它出现于第一次世界大战，广泛应用却是在第二次世界大战期间，并取代战列舰成为新的海战王牌。航母作为一座浮动式的小航空站，可由空中攻击陆地以及海上的目标，改变了过去军舰之间靠舰炮、鱼雷进行的“视线内交战”，能打击几百公里甚至上千公里外的目标。航空母舰的吨位，由诞生时1万余吨发展到5万吨，舰载机战斗半径增大又不断地改变海军战斗理论，敌对舰队在看不到对方舰船的情况下互相进行远距离的战斗，海战与空战由此结合成一体。

英国在世界上最早设计的航空母舰“竞技神”号的照片。

1923年日本建造的世界第一艘专门的航母“凤翔”号，“二战”结束时该舰成为日军唯一幸存的航母。

日、英、美成为世界上的航母“三强”

1917年7月，英国海军开始设计建造专用的航空母舰，仍命名为“竞技神”号，排水量1.09万吨，成为真正的“纯种”航母（此前还只是改装）。大战结束后，英国人放慢建造速度，1923年才完成该舰。日本却抢了先机，1922年底完工了世界上第一艘专门建造的航空母舰“凤翔”号。

“凤翔”号排水量只有8700吨，航速25节，因舰体小、跑道短，难于起飞稍大些的飞机，后来主要担负试验舰载机和培训舰载机飞行员的任务。

此刻日本工业产值只是英国的1/7和美国的1/20，却以穷兵黩武的方式展开军舰建造竞赛。1923—1928年，日本将原定建造为战列巡洋舰的“赤城”号、“加贺”号改建为航母，排水量都在4万吨以上，航速达31节，并列为当时世界上最大的航空母舰。

“赤城”和“加贺”两舰改建成航母时，采用了三层甲板（上面降落，中下层短跑道起飞），使用时证明飞机起飞由甲板下“钻出来”视野不够，还影响顶层甲板的长度和降落。20世纪30年代后期这两艘航母经改装，顶层铺设全通甲板，原中下层甲板改为机库，这样方便了起降还增大了载机量。

通过侵华战争，日本最早获得了舰载机支援地面作战的经验，1939年之前又建造成“苍龙”号、“飞龙”号航空母舰，排水量在2万吨左右。1941年夏天，日本建成排水量2.6万吨的“翔鹤”号和“瑞鹤”号航空母舰。此外日军还有“龙骧”号、“祥凤”号、“大鲸”号小型航母，排水量1.2万~1.5万吨，因不能载轰炸机，所以战斗力较差。

日军将“加贺”号改建成航母时，采用了三层甲板的怪异结构。其上面降落，中下层短跑道起飞，后因不适用改为一层全通甲板。这是描绘“加贺”号上起飞舰载机的油画。

英国为维护“海上霸主”地位，1928—1930年建成排水量为2.25万吨的“勇敢”号和“光荣”号航空母舰。随后建造的“皇家方舟”号航空母舰，采用了全封闭式机库和一体化的岛式上层建筑、强力飞行甲板、液压式弹射器，被誉为“现代航母的原型”。

1937年以后，英国又开工建造4艘排水量2.3万吨的“光辉”级航空母舰，在“二战”开始时有8艘航母可用，另2艘即将建成。

美国于1922年3月用补给舰改装成“兰利”号航空母舰，铺设了长165米的全通式飞行甲板，设置了一台飞机升降机，甲板下有4个飞机库和航空汽油库、弹药库和升降机械室，具备了现代航母的结构。

美国用运煤船改建的“兰利”号航空母舰的训练画面。

德国设想的“齐柏林伯爵”号航母建成后的情景。

美国海军头目起初对航母兴趣不大，认为战列舰才是海军主力，在20世纪20年代只将2艘不再建造的排水量3.6万吨的战列巡洋舰改造成航空母舰“列克星敦”号和“萨拉托加”号。海上演习却证明，航母的舰载机能够炸沉军舰，美国在1933年起开始建造3艘“约克城”级航母，标准排水量只有1.9万吨，至1941年才陆续服役。

法国海军在“二战”前仍看好战列舰并建造了5艘，只建造了排水量2.5万吨的“贝亚恩”号航空母舰。这艘航母还未配备舰载机，就因法国投降而未参战。

意大利在战前认为地中海这一作战海域不大，靠本土的陆基飞机足够支援，不必发展航空母舰，战时临时开工建造却来不及完工。

德国重振海军后，1936年末开始铺设了两艘航母的龙骨。1938年2月，首艘“齐柏林伯爵”号航空母舰举行下水仪式，希特勒也前来参加。这艘航母排水量为3.3万吨，预定载机42架，还装配8座双联150毫米主炮，火炮之强为各国航母所不及，设计思想是必要时参加炮战。

"齐柏林伯爵"号的下水仪式，不是由海军总司令主持，而是由德国空军总司令戈林主持，这个骄横的胖子又叫嚷"所有会飞的东西都归我管"。海军自然反对航母归空军，这种扯皮导致一直未研制出舰载机。大战爆发后资源不足，"齐柏林伯爵"号在港内的舾装陷入停滞，到1945年4月苏军逼近时该舰选择了自沉。

回顾德国、法国和意大利的航母工程，都是决心游移，装备选择又不定，白费了许多资源而一无所获，属于海军建设的败笔。"二战"期间，只有英国、美国、日本拥有航空母舰作战力量，这也是三国长期在此领域做了技术积累的成果。

英国航母在海战舞台上首先展示威力

1939年9月大战爆发后，德国海军主力一度躲在港内，翌年4月才运载陆军袭击挪威。英国海军出动包括航母在内的优势兵力驶往那里打击德舰，后来在陆上战局恶化撤退，"光荣"号航母在返航时遭到了德国战列巡洋舰袭击。

1940年6月8日，英国排水量1.65万吨的轻型航空母舰"光荣"号因油料问题脱离舰队，只有2艘护卫驱逐舰跟随。舰上指挥官认为德舰不敢再露面，将舰上所载53架飞机都放在机库内而未起飞巡逻，没想到有"海上鳄鱼"之称的德国快速战列巡洋舰"沙恩霍斯特"号和"格奈森瑙"号此时已偷偷赶来。

英国"光荣"号航母赴挪威作战的画面。该舰后来被德舰击沉。

描绘英国夜袭塔兰托的画面。

双方相距25公里时，德舰桅杆上的观察哨发现了“光荣”号航母，马上以283毫米口径的主炮齐射。“光荣”号航母匆忙将2架“剑鱼”式鱼雷轰炸机调到甲板上，准备起飞攻击德舰。在此关键时刻，“沙恩霍斯特”号的炮弹击中“光荣”号，飞行甲板被炸坏。“光荣”号只得开足马力逃走，却逃不脱航速达32节的德国战列巡洋舰的追击，在2小时内中弹累累最后沉没，1519人战死。

“光荣”号成为战史上第一艘被舰炮击沉的航母，它的遭遇说明航空母舰出击时应有其他战舰掩护，此后各国航空母舰作战时通常都要组成航母编队。

1940年6月意大利参战，英国将“光辉”号和“皇家方舟”号航母编入地中海分舰队投入海战。意大利舰队仅靠空军从陆上机场起飞掩护，往往不及时，海战失利后将主力躲进本土的塔兰托军港。同年11月11日夜，英国从“光辉”号航空母舰上起飞了21架携带鱼雷的“剑鱼”式攻击机袭击了塔兰托港，击沉和重创了意大利3艘战列舰，在海战史上首创航母突袭军港成功的战例。

英军袭击塔兰托的“光辉”号航空母舰和舰载机。

英国排水量1.9万吨的“皇家方舟”号航空母舰参加过击沉“俾斯麦”号等战斗，是当年有名的功勋航母。该舰后被德国潜艇击沉。

此时刚服役的“光辉”号航空母舰是英国首艘全装甲航母，标准排水量2.3万吨，航速30.5节，载机36架。它装备了当时世界上最先进的预警雷达系统，配备的“剑鱼”式舰载机是双翼结构，敞开式座舱，时速仅225公里，可装载一枚730公斤的鱼雷或同等重量的炸弹。该机虽已落后，但优点是低空攻击性能好，在无敌机威胁时攻舰还很有效。

1941年5月，英国海军围追德国“俾斯麦”号战列舰时，航空母舰和“剑鱼”式舰载机又发挥了关键作用。5月26日，英国排水量1.9万吨的“皇家方舟”号起飞8架“剑鱼”式鱼雷轰炸机投下8枚鱼雷，有3枚命中“俾斯麦”号，最致命的1枚击中舰尾导致该舰无法控制航向，使其无法逃脱最终被歼。

从1941年秋天至1942年末，英国一再从本土派出运输船队，通过直布罗陀海峡穿越地中海供应马耳他岛守军，这种庞大的运输队都需要航空母舰护航。

1941年11月，德军潜艇在地中海击沉了英国著名的“皇家方舟”号航空母舰。同年，德军俯冲轰炸机又冲到320米的高度向“可畏”号航母投弹命中3枚，引燃舰上油料出现大火，损管人员无法扑灭只得弃舰。在1942年8月间的护航战中，德国潜艇U-73号发射4枚鱼雷击沉了英国有名的“鹰”号航空母舰。

德军虽在地中海连续击沉英军航母，英国却能得到美国供给的大量护航航空母舰，本国也建造了新型航母，仍能保障制空制海权。

日军奇袭珍珠港奠定航母王者地位

1941年秋天，日本因2艘新航母服役，已拥有10艘航母（6艘能搭载轰炸机）、10艘战列舰。此时美国战略重点在大西洋，其海军的7艘航空母舰、14艘现役战列舰中只有3艘航母、8艘战列舰在太平洋舰队。

此时日本海军的总吨位达到美军的80%，又针对美军海上兵力两线部署的弱点，想故技重施——日俄战争时先歼灭俄太平洋舰队再打波罗的海舰队，企图先摧毁美军太平洋舰队再打增援的大西洋舰队，将总体劣势变成局部优势。

日本海军头目都认为自己本钱小，尤其是后备力量和造舰能力远不能同美国相比，不能搞舰队决战而要采取偷袭。联合舰队司令山本五十六就主张“以航母作为海战主力，以海军航空兵为海战利器”。他受英国航空母舰攻击塔兰托港的启示，于1941年1月首次提出偷袭珍珠港的计划。

美国太平洋舰队在冬季都停泊在珍珠港这个夏威夷群岛中的主要港口内，日本海军航空兵便选择与之近似的场地，进行了几个月针对性训练。日军能够远航攻击的6艘航空母舰即“赤城”号、“加贺”号、“苍龙”号、“飞龙”号、“翔鹤”号和“瑞鹤”号全部参加特遣舰队，共搭载420架飞机，由2艘战列舰、3艘巡洋舰掩护，于1941年11月26日向珍珠港进发。

表现日本特遣舰队向珍珠港驶去的油画，右为“翔鹤”号航母。

表现出击珍珠港之前的日本“加贺”号航空母舰的油画，从中可看出原来的三层甲板又改成单层全通甲板。

珍珠港距日本有4000多公里，航母编队航行到那里需要10天左右，若是途中被发现就达不到袭击效果。南云忠一中将指挥的特遣舰队选择严寒和多雾的北太平洋航线，这里冬季很少有船前来，航行10天只遇到一只本国的小渔船。

12月7日上午8时15分（夏威夷时间），头一天半夜驶抵珍珠港西北400公里处的350架舰载机分两批起飞扑向珍珠港。此时，美军太平洋舰队的3艘航空母舰恰好不在港内，这使日军失去最重要的攻击目标。

大批日机到达港口上空时，美军警戒雷达虽早已发现，却误以为是预定1小时后到达的本国B-17轰炸机群提前到达，港内军舰还在奏乐升旗。日机按事先分工各自扑向机场和港内的目标，投下炸弹和鱼雷。由于没有防空火力，军舰又静止不动，日机低空攻击的准确性极高，第一批投弹基本都命中了目标。“西弗吉尼亚”号、“俄克拉荷马”号和“加利福尼亚”号战列舰马上被鱼雷击中，开始沉没。“亚利桑那”号战列舰因穿甲弹命中引发舱内大火和爆炸，沉没时死亡人员最多，后来该舰不再打捞而以其残骸建成了一座纪念馆。

日军第一波飞机投完炸弹和鱼雷后返航，第二波攻击的飞机又到达，却因港口上空浓烟滚滚，加上部分美机起飞抵抗，轰炸效果降低。由于美国的油库和海军修理厂还未摧毁，日军飞机指挥官还想进行第三波攻击，南云忠一却命令迅速返航。他认为美军航母和岛上飞机可能会反击，为保存自己应见好即收。

日军偷袭珍珠港，只付出29架飞机被击落、5艘微型潜艇沉没、共战死55人的代价，击毁美军战列舰8艘（5艘沉没、3艘重伤）、飞机270架，造成美军2400多人死亡。此仗虽创造了战术奇观，却又是利用对手麻痹的一个特例。

珍珠港遇袭后，美国罗斯福总统马上下令以航母攻击日本实施报复。考虑到日本在本土外围舰载机攻击范围内设置了警戒，美军以“大黄蜂”号航空母舰载着16架陆军使用的远航程的B-25轰炸机前去袭击，由“企业”号航空母舰带着舰载战斗机实施掩护。

1942年4月18日，美军航母航行到距东京1200公里处，以B-25陆军轰炸机在航母上起飞，在日本人未放防空警报而猝不及防之时，进行了“东京上空30秒”的空袭。

此次16架美军轰炸机对东京的轰炸，只造成几十人死亡，却对日本起到巨大的精神威胁作用，说明美国飞机能越洋实施打击。号称从未遭受过外敌攻击的“神国”遭受此打击，山本五十六急忙向天皇谢罪，并准备攻占太平洋上的中途岛等地，以彻底消除航母来袭的威胁。

描绘美军“大黄蜂”号航空母舰上起飞的远航程B-25轰炸机前去轰炸东京的油画，后面的“企业”号航空母舰带着舰载战斗机实施掩护。

美国的“大黄蜂”号航空母舰。

美日航母交锋决定太平洋海战的胜负

1942年初，日本航母主力进入印度洋，攻击英国属地锡兰（今斯里兰卡）时炸沉了英国的排水量仅1万吨的“竞技神”号轻型航母。日本海军又分出主力航母“翔鹤”号、“瑞鹤”号和轻型航空母舰“祥凤”号组成一个编队，掩护日军船队向南太平洋岛屿进攻，5月上旬同美军进行了珊瑚海之战。

1942年5月7～8日，美日舰队在200海里距离上出动舰载机群展开激战，此战成为战争史上海军舰队在目视距离之外以舰载机进行的首次交锋。

此时美军的F-4F“野猫”舰载战斗机同日军的“零”式舰载战斗机相比，性能属同一档次。日本飞行员多是老手，美军飞行员多属首次参战，不过美国的优势在于拥有雷达，能提前获取信息。

美机利用先发现日舰，实施了半个小时的攻击，使日本排水量1.1万吨的轻型航空母舰“祥凤”号中了13枚炸弹

表现1942年4月日军特遣舰队的舰载机炸沉英军“竞技神”号轻型航空母舰的画面。

这幅画表现的是珊瑚海海战中日军“祥凤”号航母被击沉的场面。图中是一架美军“毁灭者”鱼雷轰炸机在投放鱼雷后升空的一瞬。

和7枚鱼雷而沉入海底。日军“翔鹤”号航空母舰也中2枚炸弹，一时失去攻击能力。

日军靠侦察机发现了美国舰队，其老练的飞行员进行反击十分凶狠，美国3.6万吨的大型航母“列克星敦”号被2枚炸弹和2枚鱼雷击中燃起大火，失去控制后弃舰用鱼雷击沉。美国航母“约克城”号也中了炸弹受创，返回基地修理。

为时2天的珊瑚海交战，美机损失81架，日机损失105架。双方各沉没1艘航母，却是美舰沉者大、日舰沉者小。不过，从作战目标看，美军却粉碎了对方的登陆计划，这是日本海军在太平洋战争中第一次遭受挫折。

1942年5月下旬，山本五十六指挥联合舰队进攻中途岛，这是日本海军规模空前的行动，投入了7艘战列舰、8艘航空母舰（其中4艘是轻型）、20艘巡洋舰、60艘驱逐舰。美军只有3艘航空母舰、8艘巡洋舰、14艘驱逐舰参战，航母舰载机数量虽也略少于日本。美军却因中途岛机场有陆基飞机118架，参战飞机数量已占优势。美国还能破译日本密码，处于“敌明我暗”的有利地位。

1942年6月4日，日本航母编队受到从中途岛起飞的美机持续攻击，南云忠一中将让“赤城”号、“加贺”号、“苍龙”号、“飞龙”号这4艘日本航空母舰都起飞舰载机攻击中途岛，水上侦察机却突然报告在东北200海里发现一支美国舰队。南云忠一又下令飞机换上鱼雷去攻击，因时间紧迫，卸下的炸弹匆忙被堆在甲板上。

这幅画描绘了美国“列克星敦”号航空母舰在珊瑚海海战中被炸的场面，这艘航母随之沉没。

当日机手忙脚乱返航加油装弹时，云层中突然又钻出50架美机。美军能选中这一难得的时机攻击，关键是有雷达探测，而日军全靠侦察机和目视观察。

美机俯冲投下的炸弹，引爆了日军刚才慌乱中卸在航母甲板上的众多鱼雷和炸弹。“赤城”号、“加贺”号、“苍龙”号几乎同时发生大爆炸，瞬间变成了燃烧的火球，不久相继沉没。日军以只剩一艘残存的“飞龙”号航母反击，投弹重创了美军航母“约克城”号。第二天清晨日军潜艇发现这艘已丧失动力的航母，发射鱼雷将其击沉。随后，“飞龙”号航母成了美机全力攻击的目标，舰载“零”式战斗机因基本消耗光难以自卫，被炸后舰上起火燃烧，为防被俘由本军鱼雷击沉。

数量占优势的日本舰队在中途岛惨败，关键原因是美军掌握了情报信息优势，包括破译电报和战时的雷达探测。

日军在中途岛海战中有4艘精锐的航空母舰沉没，损失285架舰载机，阵亡了3500名海军人员。美军仅损失了1艘航母、1艘驱逐舰和147架飞机，阵亡307人，跳伞到海上的飞行员也大都被捞救回来。这一仗极大振奋了美军士气，在战略上和精神面貌上都被视为太平洋战争的一个转折点。

1942年8月，美军向日军占领的瓜达尔卡纳尔岛登陆反攻，引发了太平洋战争中交锋时间最长的海战。日军出动3艘航空母舰（“翔鹤”号、“瑞鹤”号和轻型航母“龙骧”号），美国海军以“企业”号、“萨拉托加”号航空母舰迎敌。美军最大的优势，又是有瓜岛上亨德森机场这个“不沉的航空母舰”能起飞战机。

日本的这幅画描绘了中途岛之战中燃烧的“赤城”号（左）的场面。该舰因无法拖走只好由旁边的驱逐舰发射鱼雷击沉。

描绘中途岛之战中美军舰载机攻击日本航母的油画。

日本著名油画《“飞龙”沉没前》，表现该舰下沉前指挥官山口多闻少将把军旗交部下带走，自己随舰沉入海底。这幅画虽然想宣扬武士道精神，却也表现了日军的败象。

表现美国“大黄蜂”号航空母舰被日军潜艇击沉的画面。

在瓜岛海空战中，美机投掷的鱼雷和炸弹炸沉了日军排水量仅1万吨的“龙骧”号轻型航母。美军航空母舰“萨拉托加”号被日军潜艇发射的一枚鱼雷击中回港维修，排水量1.4万吨的“大黄蜂”号航母也被日军潜艇发射的3枚鱼雷击中后被迫自己凿沉。此时日军航母出击未取得多少战果，说明攻击力明显下降。

8～11月，美日双方在瓜岛附近进行了6次海战，双方损失驱逐舰以上的舰只吨位分别为12万吨和13万吨，美军却最终取得胜利。对日军最不利的是，其舰载机飞行员损失大半，国内因缺油又难以有效培训新飞行员。从1943年初到1944年，美军有17艘“埃塞克斯”级航空母舰相继服役，并同步培训出众多技术熟练的舰载机飞行员，美日海空力量对比发生根本变化。

这幅油画描绘了马里亚纳海战的场面。画中描绘的是美军“埃塞克斯”级航母上起飞的F6F“地狱猫”式战斗机。

1944年6月，美军登陆塞班岛，日本海军调集了9艘航空母舰，搭载400多架飞机，同美军进行了最后一次航母决战，即马里亚纳海战。美军此次有15艘航空母舰、900多架舰载机参战，其中F6F“地狱猫”舰载战斗机的性能已超过“零”式战斗机，美国训练有素的飞行员的作战能力也远超过日军的飞行新手。

6月19日，双方舰载机交锋，日机损失了200多架，美机只损失23架。由于击落日机过于轻松，美国飞行员后来将这次空战称为“马里亚纳猎火鸡”。

当天美军潜艇又利用日军电子技术落后、声呐探测力差的弱点，在水下渗入了日舰编队发射鱼雷，击沉了主力ヨ本航母“翔鹤”号。

日本刚建成服役的3.4万吨的装甲航母“大凤”号刚出场，也被美军潜艇发射的一枚鱼雷击中。起初舰上军官认为本舰可抵御5~6枚鱼雷，继续坚持作战，没想到中雷迸起的火星很快引燃了舰内的油气引发爆炸，导致迅速沉没。这个灾难发生，说明日军航母损坏管理人员缺乏培训仓促上阵，素质严重下降。

6月20日，美军航母向日军舰队攻击，炸沉了中型航空母舰“飞鹰”号，另外4艘航

描绘马里亚纳海战中首次参战的日本“大凤”号航空母舰的油画。

马里亚纳海战中日本“大凤”号航空母舰被鱼雷击中的画面。

日本“伊势”号战列舰在1944年改装成“半航母”后的模样，不伦不类很不适用。

从日本画家的这幅画中可看出，在莱特湾海战中日军航母已经没有多少舰载机可起降，只能充当“诱饵”吸引美军。

母和战列舰“伊势”号被炸伤，日军舰队利用夜幕掩护向本土逃走。

这次马里亚纳海战中，美军只损失了123架飞机并阵亡了76名飞行员，未损一舰，就击沉日本3艘航空母舰，重创4艘航母和1艘战列舰。这种完全“一边倒”的战果，显示出日本航母已不是美军的对手。日军在此战中又丧失了多数舰载机飞行员，剩下的航母大都“有舰缺机”或“有机无人驾”。

同年10月23～26日，美日进行了太平洋战争中最大，也是最后一场海上决战，史称莱特湾海战。日军出动的军舰中有4艘航空母舰，还有2艘由战列舰改成的“半航空母舰”——“日向”号和“伊势”号。这种“半航母”拆除后炮塔安装了飞行甲板，因距离短只能让飞机起飞而不能降落，不伦不类的设计既削弱了战列舰的火力，又不能真正展现航母的作战能力。

莱特湾海战开始时，日军缺少舰载机的航母主要充当“诱饵”引美舰北上，然后掉头撤退。在美国舰队追击和舰载机攻击下，日军4艘航母全被击沉，包括老资格的“瑞鹤”号。

此后，美军对日本港口持续轰炸，战争结束时日军只剩下老式轻型航空母舰“凤翔”号，上面又没有舰载机。美国航空母舰已没有了同等对手，于是都用于支援登陆作战，它们遇到的最大威胁只是日军“神风”特攻队的自杀式攻击。

通过太平洋的海战，美军感到航母应增大吨位和甲板长度，这样才能搭载更多和更大的舰载机。1943年美国开始建造排水量5万吨的大型航空母舰，飞行甲板达到300米，载机达130架。1945年夏天有2艘这种“中途岛”级航母建成，日本却已经投降，它们只能在战后成为美国舰队的中坚。

在战争末期冲绳作战时，美军航空母舰遭遇日军“神风”自杀机冲击的画面。

第柒章

“水下幽灵”潜艇充当海军杀手锏

潜艇在第一次世界大战中登场时，主要是德国使用这一水下利器，海战还基本由水面舰队主宰。第二次世界大战期间，潜艇已同水面舰艇、航母在海军装备中“三分天下”，德国潜艇和美国潜艇的战果又都超过了水面战舰，尤其是纳粹的“海狼”同盟军的反潜力量搏斗上演了潜艇战史上最惊心动魄的一幕，世界海战中潜艇战的指导思想也是在这一期间奠定的。

第二次世界大战中潜艇驰骋世界大洋，在世界海战舞台上成为重要角色。

纳粹“海狼”猖獗一时却最终败于反潜战

德国水面舰队力量一直远弱于英美，号称“海狼之父”的德国潜艇司令邓尼茨在开战前和战时都力主发展潜艇，大西洋上进行的激烈潜艇战也是决定西线战争胜负的关键。丘吉尔曾在回忆录中特别指出，战争中唯一真正让他感到恐惧的就是德军的U型潜艇。

第一次世界大战结束时，吃了苦头的英国、法国在《凡尔赛条约》中规定禁止德国拥有潜艇。此后德国通过帮助苏联等国建立起造艇基地，为新一代潜艇研发做了技术储备，并以“借鸡生蛋”的方式在他国基地培训了本国艇员。

1923年以后苏联引进德国技术发展建造潜艇。这幅苏联油画的标题是《“民意党人”号潜艇 1927—1929年在波罗的海造船厂建造》。

1939年9月德军潜艇击沉英国航空母舰“勇敢”号的画面。

1933年纳粹掌权后，德国公开研制和生产新型潜艇，希特勒和海军总司令雷德尔却以发展大型水面舰为主。1939年英德开战时，德国仅有56艘U型潜艇，除了吨位只有250吨、攻击性不强的小型潜艇外，适合于大西洋作战的Ⅶ级潜艇只有22艘。

U型Ⅶ级潜艇水下排水量857吨，水面航速17.2节，水下航速8节，续航力为6500海里，安全下潜深度150米，有5个口径533毫米的鱼雷发射管，艇员51人，性能在当时世界上领先。它的弱点在于为电池充电需要上浮使用柴油机，每天水面航行的时间一般要占一半，作战时通常要采取白天下潜、晚间上浮的方式。

英德开战后的两周即1939年9月17日黄昏，一艘德军潜艇在2700米外发射了3枚鱼雷击沉了英军2.2万吨的“勇敢”号航空母舰，首开潜艇击沉航母的纪录。英军总结教训，认为这艘航母遇水下袭击在于缺乏伴随掩护力量。

同年10月14日，德国U-47号潜艇在夜间冒险通过一条平时被废弃的有沉船和急流的航道，潜入英国本土舰队主要停泊港斯卡帕湾内，发射3枚鱼雷一举击沉了排水量3.2万吨的“皇家橡树”号战列舰。此举震动了英国，英国把潜艇视为德国主要攻击武器。

1939年潜入英国斯卡帕湾击沉“皇家橡树”号战列舰的德国U-47号潜艇的剖面图。

描绘德国U型潜艇实施“狼群”战术攻击盟军运输船队的油画。

1940年春天以后，德国潜艇重点攻击英国运输船，英方却按上次大战的方式将运输船编成船队，以护卫舰、驱逐舰护航。此时德国潜艇以单艇出击，采取攻击就会遭受反潜舰只打击，这如同一只孤狼发现了有几只牧羊犬保护的羊群也很难下手，因而战绩不高。

德军潜艇司令邓尼茨总结经验，决定改变单艇攻击战术，采取多艇集群在夜间实施水面近距离鱼雷攻击，这就是模仿野外狼群追逐猎物的“狼群”战术。1940年10月18日夜，德军“狼群”以7艘潜艇包围了有30艘商船的舰队，先以一艘潜艇发射鱼雷吸引英国护卫舰赶来，再迅速下潜隐蔽，其他潜艇在另一方向再实施攻击。当时英国护卫舰没有装备雷达，监视哨肉眼在夜幕中难以看见“海狼”，潜艇倒可以用潜望镜发现护卫舰，待它远离后就攻

表现德国对美国宣战后，其潜艇在北美洲东海岸大力袭击运输船的画面。

击商船。结果英舰东窜西扑，疲于奔命，周围的爆炸声却使一艘艘商船从海面上消失，一夜就有17艘商船被送入海底，德国潜艇却无一损失。

1940年秋，英国损失商船数已超过本国造船厂补充数，全靠保持中立国地位的美国向英国提供船只，并派大西洋舰队组织护航。此时希特勒不敢下令攻击美国舰船，这使英国的运输线还能得到保障。

1941年12月，德国为策应日本而对美宣战。此时美国沿海夜航船只仍旧开灯又基本没有编组护航船队，德国潜艇正好大开杀戒。1942年1～3月，在美国东海岸的德军潜艇没有付出一艘损失，就取得了击沉运输船242艘，共计134万吨的巨大战果。

美英此时将水下威胁当成最大危险，在海岸外建立了空中巡逻搜索网，不过大西洋中间还留下一个两岸飞机都到达不了的"空档"。邓尼茨便让"狼群"在这一海域伏击，1942年第二季度德国使英国损失船只吨位达170余万吨。这一年可谓德军潜艇的"丰收"年，共击沉船只600多万吨，自身损失87艘，因有大量补充仍使潜艇总数增加到393艘。1942年英国生产船舶不足200万吨，美国生产吨位却达800万吨，仍能维持海上运输却感受到危机。

1943年5月，德军潜艇却遭遇空前严重的打击，一个月损失100余艘。此时盟军建立了大批由护航航母、驱逐舰、护卫舰组成的反潜战斗群，投入2000架以上的反潜飞机。英国研制出新型雷达装配到反潜飞机上，能够在10公里外发现海面上的一个罐头，德国潜艇上浮换气时极易暴露，从水下伸出潜望镜也能被盟军雷达搜索发现。盟军水面舰只也普遍装备了雷达、高频测向仪和声呐等设备，黑夜中也能探测德军潜艇位置并发起攻击，这就让"狼群"难以逞凶。

遭受惨重损失的德国潜艇队一时撤出大西洋，邓尼茨采取了临时措施，为潜艇加装通气管使其能在水下航行和充电。此举虽减少了损失，潜艇不上浮却难以发现船队，盟军舰、机又以改进的声呐搜索水下潜艇，加大打击力度。1944年内德军潜艇共击沉运输船131艘，损失潜艇却高达264艘，美英的海上运输此时已不受多少威胁。

1945年4月底，邓尼茨盼望已久的

美国海军使用飞艇，在大西洋上可以进行耗费燃料不多的长时间反潜巡逻，发现升起的潜艇可立即进行攻击。

表现英国飞机打击德国潜艇的油画。

能长时间潜航作战的“瓦尔特”级21型潜艇终于服役，其排水量达1600吨，蓄电池能量增加了1倍多，使其能长时间在水下高速航行，而且可以用通气管在水下开动柴油机充电。这种潜艇有流线型艇体，水下航速达到14节，能轻而易举地从水下超越船队而在前方实施攻击。此时德国又开发了有通气呼吸管和新型引擎的潜艇，水下航速可达17节，而以往潜艇因水下航速都不超过10节而只能在上浮后追赶船队。

这些代表世界新潮的新型潜艇刚问世，德国就已投降。尽管德国“海狼”们又传递上次大战结束后的“彩虹”暗号，将多数潜艇自沉，却仍有些被盟军缴获并成为现代潜艇设计的原型，特别是苏联战后装备最多的W级潜艇便参照其设计。

德国战时共装备了1170艘潜艇，损失了780艘，战死3万名艇员。西方盟军有1468万吨位的2828艘舰船被德军潜艇击沉，死亡船员4.5万人，英美为反潜共投入300万军人在海上和空中参战。德国的潜艇战虽然失败，不过其1名艇员在战时平均可牵制100名英美反潜人员，这说明潜艇如使用得当能成为一种效费比非常高的战略性武器。

美国潜艇充当了窒息日本经济的主角

太平洋战争前，美国海军不太重视潜艇，只仿照上次大战结束时缴获的德国潜艇研发了几种艇型，并生产装备了112艘，主力是S级。这种潜艇在潜航时排水量为1230吨，上浮航速14.5节，潜航时速10节，最大潜深60米，装配5个鱼雷发射管和12枚鱼雷、1门105毫米口径甲板炮。此外，战前美国潜艇的最大弱点是缺乏战斗经验，训练和准备活动也都不足。

美国人幸运的是，日军头目对反潜并不重视。这些东洋狂人对美作战的打算，

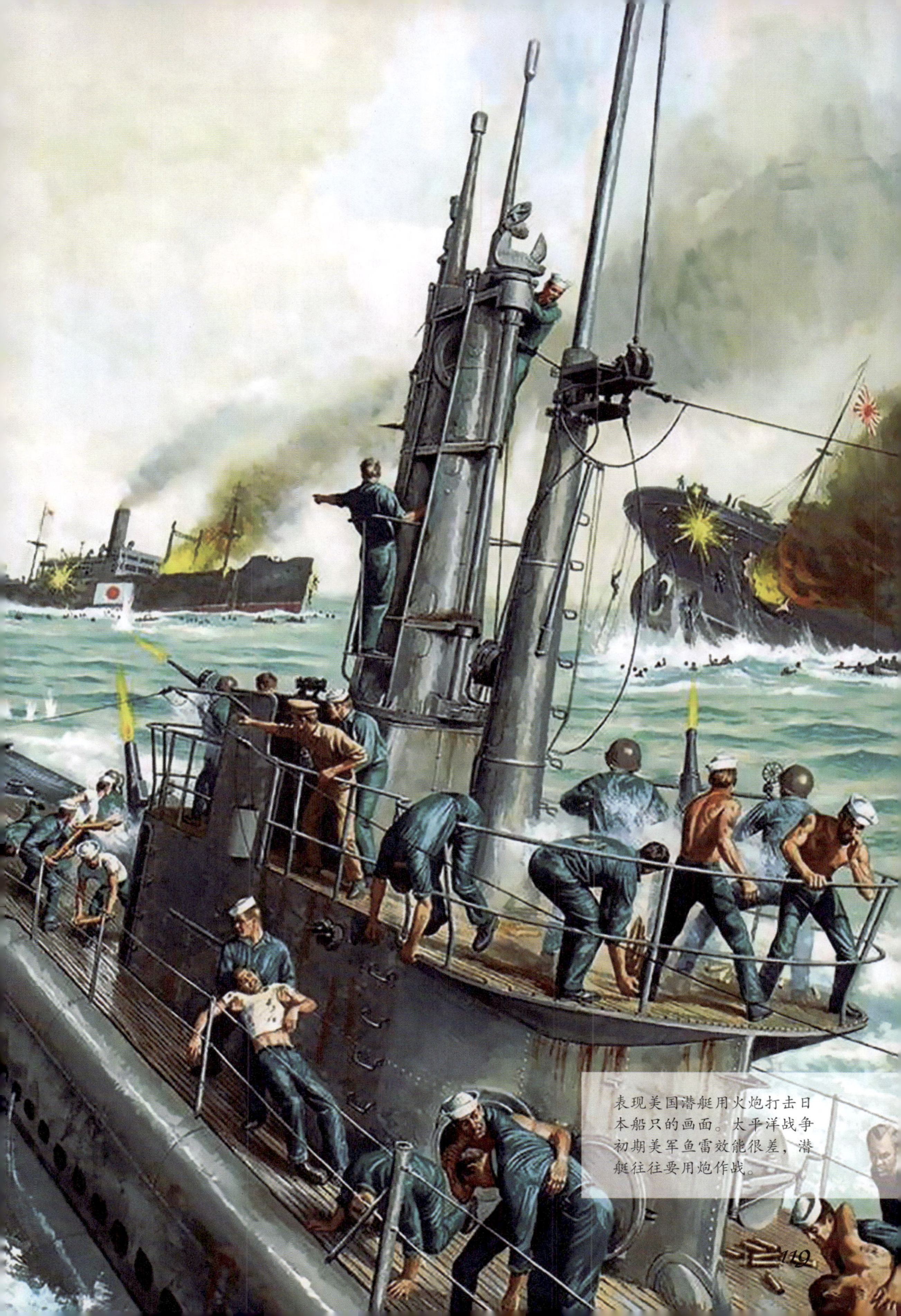

表现美国潜艇用火炮打击日本船只的画面。太平洋战争初期美军鱼雷效能很差，潜艇往往要用炮作战。

是速胜后即讲和，没有准备在持久战中如何保护自己的海上运输线。

1941年12月美军遭受日军突袭，在太平洋集中了31艘潜艇用于保卫菲律宾，表现却糟糕至极。12月12日，美国潜艇取得第一个击沉战果，一查居然是盟国船只。接着美军发现潜艇所用鱼雷的定深装置或触发引信有严重问题，12月间，其22艘潜艇发射的70枚鱼雷仅有1枚命中爆炸。随后因驻菲律宾美军被日军围困，美军水面大舰因在珍珠港损失惨重难以出动，便以潜艇来运送补给品，这使日军向南洋进攻的船队几乎都未受干扰。

太平洋战争开始时日本有560万吨运输船，加上缴获的船只达600万吨，其中有一半用于向占领区运输补给品并送回掠夺物资。美军从1942年夏天起调集潜艇开始攻击日本舰船，并解决了鱼雷技术问题，不过在6月的中途岛战役中4艘与日舰遭遇的潜艇所发鱼雷也都未命中，反映出其技术水平还是差。直至8月10日，美军潜艇击沉了日本海军“加古”号重巡洋舰，才有了第一个显著战果。11月间，美军“蓝鳕鱼”号潜艇又击沉1.2万吨的日本“巴西丸”号轻型航空母舰。这一年日本有180艘舰船被潜艇击沉，吨位达72.5万吨，不过日本造船业还能勉强补充这一损失。

1943年内，美国潜艇采取了类似德国潜艇“狼群”战术，以几艘艇组成一个集群，战果有了提升。至年末，美军投入太平洋作战的潜艇达95艘，平均每月有4艘新艇加入。美军潜艇以海洋生物命

太平洋战争中期，美国潜艇采取“狼群”战术打击日本运输船的画面。

描绘日本“信浓”号航空母舰的油画。该舰原属“大和”级战列舰的第三艘，刚改建成航空母舰，在试航时就被美军“射手鱼”号潜艇击沉。

名，如大青花鱼、射水鱼、海鲫、刺尾鱼……艇级也以鱼类命名并且以“小鲨鱼”级潜艇为主力。该级艇借鉴了德国U艇和英国潜艇的技术，潜航时排水量2424吨，航速水面20节、水下8.7节，装配10具533毫米口径鱼雷发射管，潜深90米，艇员60人，这基本达到同时期U艇的水平，降噪声和声呐技术高于日本潜艇。

1943年美国潜艇共击沉总吨位超过150万吨商船，日本物资进口也减少了15%。此时日军驱逐舰、护卫舰因战损失大而严重不足，临时建造的海防舰因吨位小难以远程，只好改装一些民用船装了声呐和深水炸弹在运输途中反潜，也没有配备雷达搜索反潜的飞机。美军潜艇只是在攻击舰队时有遇到反击的风险，其余时间可以把太平洋当成任意遨游的内湖。

1944年内，美军出海执行战斗任务（包括营救落水飞行员）的潜艇保持在140艘左右，日本船只损失达到了平均每月50艘。美军潜艇攻击的头号重点，是从新加坡和爪哇岛向北方运输燃料的日本油轮，这使日本每月能得到的燃油达不到上一年的1/3。美军还利用日军反潜探测能力不高的弱点，敢于袭击日军大舰。

1944年6月马里亚纳海战时，美军潜艇渗透到日军航母编队内侧，以“鲹鱼”号击沉了日本航母“翔鹤”号，以“大青花鱼”号击沉了“大凤”号。11月间菲律宾海战结束时，美军潜艇又击沉了北逃的日本海军“金刚”号战列舰。

美军潜艇最辉煌的战果是1944年11月28日凌晨击沉了日本“信浓”号航空母舰。该舰原属“大和”级战列舰的第三艘，刚改建成航空母舰，以排水量达6.4万吨而成为世界最大航母。美军“射水鱼”号潜艇在东京湾巡航，发现了“信浓”号，便跟踪发射了6枚鱼雷，有4枚击中。

“信浓”号这艘最大航母的结构，本来可保证命中7~8枚鱼雷不沉，不过此次中雷时

意大利发明的人操鱼雷“凯旋车”的外形。

舰上水兵却因多是新手而乱成一团，管控损坏的设施也不健全，无法封闭进水舱而沉没。“射水鱼”号潜艇攻击后下潜到120米深的极限，躲过日本驱逐舰的深水炸弹打击而平安返回。“信浓”号出海不足20个小时就覆没，成为潜艇击沉的最大一艘战舰，这反映了美国潜艇的技术水平日益提高，也反映出日本海军的没落。

进入1945年，美军潜艇和航空兵配合攻击，使日本的海运能力丧失90%以上。后来的战史研究者认为，战时德军潜艇击沉船只吨位最多，却没有完成破坏对手海上交通线的战略目标，美国潜艇却做到这一点。美军共有314艘潜艇参战，击沉日本商船和军舰1560艘、530万吨，占日本船舶损失吨位的60%。23万日本人在海上随船丧生，其中包括17万军人。纵观美军对日本的封锁战，潜艇可谓发挥了最大作用。

意大利微型潜艇能击沉2艘战列舰

在第二次世界大战中，意大利军队常因无能受人嘲笑，其海军倒是个例外。尤其是意军潜艇部队训练水平较高并有独特技术，在海战中还取得过一些显赫战绩。

1940年6月意大利对英法宣战时，海军拥有115艘潜艇，其中除大量小型潜艇外，吨位较大和较先进的36艘远洋潜艇能投入作战，主要攻击英国通过大西洋进入地中海的运输船队。从开战直至1943年9月意军向盟国投降，共有112艘盟国商船和舰艇总计60万吨在大西洋海区被意大利潜艇击沉，其单艇作战的平均战果同德国潜艇相比相差并不大。在地中海意军小型潜艇也击沉了一些英国舰船，微型潜艇更是独树一帜。

意大利因本国经济力量薄弱，一向注重发展微型潜艇，又最早发明了人操鱼雷。意军主要装备了“凯旋车”（外号“猪猡”）型人操鱼雷，属于微型潜艇。该艇长6.7米，直径1米，排水量1.5吨，水下航速3节，航程12海里，由双人操纵。它的头部是一个可装卸的雷头，内装炸药272公斤。“凯旋车”微型潜艇使用时由母艇携带，到达距目标较近地方时再分离，由身穿潜水衣的操纵手驾着它潜入敌舰下，定好爆炸时间后迅速从水下逃离。

1941年9月20日夜间，意军3只人操鱼雷避开英军警戒，成功地进入英国重要基地直布罗陀港内，在2艘运输船和1艘油船下放置了炸弹后将其全部炸沉，取得人操鱼雷首次攻击成功。其操纵员则在爆炸前游到旁边的西班牙海岸上，由守候在此的本国武官接走。

1941年12月18日晚，意大利海军“斯基尔”号潜艇携带着3只“猪猡”，悄然抵达英军舰队在埃及的停泊地亚历山大港。“猪猡”等到3艘英军驱逐舰出海归来，见港湾入口的防潜网打开，便尾随其后顺利进入港内，选定了“勇士”号和“伊丽莎白女王”号战列舰和“塞戈纳”号油船，在其船底下固定好雷头。虽然6个操纵员乘剩下的3个半截雷体向港外潜驶去时被巡逻英军发现全部被俘，港内出现的水下爆炸却将3艘舰船的底部炸出大洞导致坐沉海底，2艘战列舰被打捞上浮后用了整整一年时间才修好。

这幅画表现了1941年12月18日晚意大利潜艇运载3只“猪猡”，即人操鱼雷在埃及亚历山大港攻击英舰的场面。

意大利潜艇所载人操鱼雷一举击沉了英国2艘战列舰，创造了海战史上的奇迹。后来英国模仿意军造成微型潜艇，偷袭德国停在挪威港口内的“提尔匹茨”号战列舰，却未获成功。日本在太平洋战争初期袭击珍珠港的微型潜艇，以及战争末期用于自杀式攻击的“回天”鱼雷，也是借鉴了意大利的技术。不过日本的“回天”鱼雷是让操纵手靠近敌舰后引爆而同归于尽，因载运鱼雷的母艇无法接近美舰，这种自杀式水下武器几乎没有取得过战果。

苏联、日本和英国潜艇表现平平

“二战”爆发时，苏联拥有218艘潜艇，数量居世界前列，不过其国内造船工业比较落后，多数潜艇采用德国在“一战”后提供的技术资料仿造，性能已经落伍。

苏军面临的波罗的海战区和黑海战区都属海域狭窄、水深较浅，不太适合潜艇作战。德军发起突然袭击时，猝不及防的苏联海军迅速丢失了许多基地，又丧失制空权，波罗的海舰队撤退中仅潜艇就损失和自沉25艘，其余被封锁在列宁格勒。1941年内，波罗的海舰队潜艇唯一的一次胜利，只是击沉德国的“巴尔腾兰德”号轮船。黑海舰队潜艇的主要任务，就是向被围困的塞瓦斯托波尔港运输物资。

表现日本运载“回天”鱼雷的潜艇出航的画作，可看出艇前上部放置了2枚鱼雷。

表现苏军潜艇击沉“威廉古斯塔夫”号的油画。这一攻击创造了世界海难死亡人数的最高纪录。

被困在列宁格勒的苏联潜艇在1942年内曾主动出击，击沉德国、芬兰和中立国商船27艘，自己损失10艘。同年秋，德军在狭窄的出海处安装了超过60海里长的重型反潜网，苏军直至1944年9月反攻时才摧毁这一封锁，此后才能让潜艇再向德国占领区的外海出击。

1945年1月30日，苏军C-13号潜艇击沉德国2.4万吨的潜艇员训练舰“威廉古斯塔夫”号，据查这艘轮船上竟搭载了10582人，超载达5倍，船沉时有9343人葬身海底，创造了“二战”史上，也是世界海战史上单船死亡人数的最高纪录。

后来一些西方国家炒作此事，称死难者中多数是妇女儿童，苏联人犯下了滥杀无辜的“罪行”。苏联和后来的俄罗斯学者指出，战时苏军按国际法可以攻击任何德国船，何况“威廉古斯塔夫”号并非民船而是德军训练舰，载有1000多名军人，多数还是刚训练好的潜艇艇员。

1945年4月16日，德国客轮“哥雅”号在运载军人和难民撤退时又被苏联潜艇击沉，死亡人数约7000人，创造了海难死亡数位居世界第二的纪录。不过从总体上看，苏军潜艇作战效益是“二战”中各海军大国中比较低的。战时苏军损失80艘潜水艇，只击沉了33艘小型军舰（护卫舰8艘、潜艇2艘）和157艘运输船，总吨位46万吨。苏联水兵作战虽英勇，不过其训练和技术水平都相对较差，如潜艇的鱼雷性能不佳，声呐性能差，没有磁性水雷也没有雷达。

日本在战败前夕建成的世界上吨位最大、唯一能搭载飞机的大型潜艇——伊-400级。这是描绘该艇的油画。

日本潜艇技术水平在第二次世界大战初期属于世界较高水平，战时只有日军拥有潜艇航母和携带水上侦察机的潜艇。日军潜艇使用的95氧气鱼雷有51节高速和1万米以上射程，还有400公斤战斗部装药，航速、射程、威力远远超过他国潜艇的鱼雷。不过日本发展潜艇的指导思想是配合水面舰队决战，以攻击军舰为主。日军航母袭击珍珠港时，就派出5艘双人操纵的微型潜艇想潜入港内发射鱼雷，结果都因事故沉没或被美军发现并摧毁而没有战果。

太平洋战争开始时，日本拥有63艘潜艇，加上战时建造总计有192艘。日军潜艇击沉过美军2艘航母——“约克城”号和“大黄蜂”号，还击沉过1艘轻型护航航母，战争结束前还击沉了美军运输原子弹返航的“印第安纳波利斯”号重巡洋舰。不过日本潜艇存在柴油机噪声过大、电子设备落后的弊端，战争后期容易暴露目标遭受攻击。加之日军在太平洋岛屿的守军水上供应被切断，日军潜艇后来主要充当运输船的角色。

1943年日本开始制造世界上吨位最大、唯一能搭载飞机的大型潜艇——伊-400级，水面排水量5300吨，内载3架水上飞机。1945

表现日军从伊-400级潜艇上起飞水上飞机的画面。

年春，该级艇有3艘建好，日本军方派其中一艘驶向美洲，想用水上飞机轰炸巴拿马运河的闸门，以切断美舰从大西洋向太平洋调动的通道，结果该艇驶入东太平洋时便接到投降命令。当时美军在巴拿马运河防卫森严，区区3架航速很低的水上飞机很难实施有效轰炸。不过这种潜艇还算是日本海军建造的最好的一件海军兵器，其潜水航空母舰的设想相当超前，对后人也有启示。

太平洋上的美军有庞大的运输船队，日军却没有利用潜艇对其展开“破交战”，这既有作战指导思想的原因，也在于日本潜艇害怕美国护航力量打击。日本曾以潜艇攻击过分散的美国货船，如伊-16号潜艇的纪录是击沉4艘。战时日军潜艇击沉舰船总计只有90万吨，却损失了130艘潜艇，水下作战力量发挥的作用也是相当差的。

美国所绘的日军潜艇攻击商船并俘虏船员的油画，主要显示日军的残暴。

1929年法国制造的“絮科夫”号远洋潜艇的外形图，可看出其装备203毫米主炮，这一奇观是设计上的败笔。

英国在“二战”中拥有庞大的潜艇部队，技术也很先进，却没有太多用武之地。1940—1943年，英国潜艇主要攻击地中海内规模不大的意大利运输船队，共击沉了100多万吨船只，对破坏德意非洲军的供应还是起到不小的作用。此后因德国封锁波罗的海入海口，英国潜艇难以进入，在西线失去攻击目标。在东方战场，英国少量潜艇攻击过新加坡附近的日本舰船，以鱼雷重创过“高雄”号重巡洋舰，不过总的战绩不大。

法国海军在战前也有规模可观的潜艇力量，并建造了一种独特的“絮科夫”号潜艇，水下排水量4330吨，在当时是世界上最大的潜艇。该艇竟在指挥台前安装双联装203毫米口径重炮，将这种万吨级重巡洋舰上的装备用到潜艇上形成“小车拉大炮”，等于将水下隐蔽袭击的战艇当成水面炮战的武器，根本不适用。法国参战几个月便投降，其潜艇部队在战争中没有发挥什么作用。

纵观“二战”中的潜艇战，德国潜艇面对最强的反潜对手还是取得了最大战绩。美国潜艇战果居第二位，是因日本反潜力量非常弱。潜艇袭击和反潜战的实践证明，潜艇同水面战舰不同，是一种可以在丧失制空权、制海权后仍能以弱战强的海军武器，这也让其在战后受到众多国家重视并继续得到大发展。

战争后期德国U型潜艇大都停泊在挪威基地，为躲避轰炸而停在水泥掩体内，面对盟军海空打击仍能不断出击。

第捌章

国家工业和科技水平决定着海军进步

恩格斯在《反杜林论》中总结说：“暴力的胜利是以武器的生产为基础的，而武器的生产又是以整个生产为基础。”“现代的军舰不仅是现代大工业的产物，而且同时还是现代大工业的缩影，是一个浮在水上的工厂——的确，主要是浪费大量金钱的工厂。”在没有近代工业的风帆船时代，战舰的制造基础主要是木工和篷织技术。到了近现代，舰艇都是国家经济和科学技术实力的结晶，发展海军一靠金钱、二靠科技，同时还要有恰当的战略指导。

西欧在工业革命前制造木帆船的情景。

不建立工业基础就无法发展近代海军

从18世纪末至19世纪，蒸汽机的轰鸣宣告了工业化时代的到来，使用机械动力的钢铁战舰替代了过去千年间一直使用的木质帆船。进入20世纪后，内燃机和燃油的使用标志着又开始了新工业革命，海军又进入了头顶有飞机、水下有潜艇的立体化发展阶段。这种历史条件，决定了拥有强大经济和科技实力的国家才能建设强大的海军。

明朝初年，中国还有能够“七下西洋”即远航印度洋的郑和舰队，可惜因封建当权者重道义轻科学，错过了发展近代科技和工业的历史机遇。枪炮发展需要依靠弹道学和化学制药理论，不发展这种由物理学、化学、数学等组合的基础科学，引进了外来枪炮也只能仿制而不能创新。如17世纪明朝就引进“红夷大炮”，200多年后即清朝中期国内造炮仍是这一水平，闭关锁国又导致海上武装出现严重退步。鸦片战争前清军虽建有外海和内河水师，战船按纸面统计共有890艘，数量比英国战舰（1836年为560艘）还多，质量却有天地之差。英国海军标准装备的三级战列舰装74门炮、排水量1700吨，中国水师只有重50~100吨的木帆船。来华的英国使节就称“中国沿海1000艘师船，不堪1艘军舰一击”。

表现英国发明和使用蒸汽机的邮票，蒸汽机被用于舰船表明海战进入新时代。

表现鸦片战争时英舰（右）轻易摧毁清朝水师的画面。

清王朝停滞在男耕女织为标志的农业社会，在财力上同靠工业化创造出巨大财富的西方也日益拉大差距。1840年英国财政收入以5200万英镑（相当于3.6亿两白银）居世界各国之首，清政府年财政收入仅4000万两白银，法国、美国和俄国的经济实力也都远超中国。

看到入侵者“船坚炮利”后，清王朝开始了洋务运动，1866年开办称为“近代海军摇篮”的福州船政学堂，随后建立了马尾造船厂，仿制出铁皮木制军舰。不过建造军舰需要国家拥有工业基础作为保障，此时中国虽开办洋学堂培养了少数航海人才，却没有相应建立冶金、机械工业，只能靠外购机件和火炮组装出一些军舰。加上洋务企业的生产管理官僚化、衙门化，不讲效益，国内建造的军舰成本就高于同类外国军舰的2~3倍，质量还差得多。

1884年8月，法国远东舰队闯入福州旁的马江内，其钢铁战舰一开火便摧毁了还是“木质铁皮”结构的福建海军的全部军舰。洋务派首领李鸿章由此感叹“造船不如买船”，他不再相信和发展国内造船业，靠向英、德购买铁甲舰建立了北洋海军。

自1868年实行明治维新的日本，在外购时也建立造船厂自制军舰和民轮，还能配套地建立本国的冶金业和机械制造业。1894年甲午战争爆发时，日本海军的舰只数量和质量都已超过北洋海军。1895年签订的《马关条约》规定对日赔款2亿两白银，这相当于此时清政府两年半的国库收入，此后中国的清政府和民国政府再也没有财力振兴海军和发展造船业，日本则利用巨额赔款扩充军备并相应地发展工业和科技。

土耳其的海军发展同中国有相似之处。15世纪时奥斯曼帝国昌盛一时，却没有突破封建制度束缚，没有发展科技和建立资本主义性质的产业，原来那支让欧洲国家感到恐怖的海军在17世纪之后就日益衰落，后来被俄国一再击败。英国和法国为遏制俄国南下，需要土耳其守住地中海门户，因而向其出售武器。靠着购买英法军舰，没有本国造船工业的农业国土耳其在百年间还能保持海军，却因财力不济，舰队规模不大导致屡战屡败。

1914年第一次世界大战爆发前，土耳其积极同德国拉关系，英国就此扣押了土方订购并已付过款的一艘战列巡洋舰。被此举激怒的土耳其投向德国一边，随之被英军打败，奥斯曼帝国也随之崩溃。这一例证也说明，落后的农业国在海洋军事角逐中注定会被淘汰出局。

表现1884年8月23日马江海战的油画。画面上的法国舰队摧毁了福建水师的舰只并轰击岸上。

俄国和日本向工业化转型时发展起海军

16世纪俄国虽学习了西方军事科技，但长期还属于封建农业国。1697年，为恩格斯所赞叹“真正的伟人”——彼得一世（即彼得大帝）假冒“下士”身份出访荷兰学习造舰和驾船，回国后就开发与军工相关的采矿、冶金业和造船业，打败瑞典夺取了波罗的海出海口后又创建了俄罗斯海军，使这个过去的内陆国家面向海洋。

彼得大帝用野蛮的方式推进文明、建设军工业，这一发展却带有浓厚的封建专制特色，建国思路也忽视民用产业而偏重军工，列宁后来为沙俄帝国主义加上了“军事的、封建的”这种前置词。这种国家体制虽在一定时间内能推进强军进程，但势必走上穷兵黩武之路。

这幅油画表现了1915年英国舰队轻易击败土耳其舰队后实施登陆的情景。

俄国画家谢洛夫所绘油画《彼得大帝》，表现了这位让俄国走向海洋的帝王到荷兰学习造船的场面。

在手工业工场阶段，俄国模仿西欧制造的武器在技术上差距还不大，当英法等国开始工业革命并建立机器制造业后，俄国舰船制造业就总是落后。俄国虽然在1820年就研制蒸汽机舰船，1842年又制订了让海军推广蒸汽战舰的计划，不过其蒸汽机只能靠进口，英国和法国都视国际战略形势来把握出口。1851年俄国向英国订购了制造战舰所需要的蒸汽机并付了款，英方却推迟交货，俄土战争爆发后英方取消合同，这使俄军的风帆战舰在克里米亚战争中根本不能同英法蒸汽战舰交锋而被迫自沉。

19世纪末，俄国建立起吨位占世界第三的海军，国内却仍没有完整的机器制造业，冶金业也落后，军舰虽多属自产却要靠从法国等国进口轮机和装甲钢，在日俄战争前俄制军舰远不敌日本所购的英制舰。随后俄国建造了7艘战列舰，又是靠进口英国轮机、装甲钢和舰炮，性能仍不及英、德战舰。

苏联成立后，利用战败的德国的技术输出和举国体制的效能，在20世纪30年代建立起一个完整的工业体系。斯大林把发展军工放在建设的首位，不过，因注重陆军、空军而对造船业投入不多，至30年代中期只能造出驱动几千吨级战舰的轮机。此时斯大林却好高骛远，提出建造6万吨级的世界上最大的“苏维埃”级战列舰，因本国造不出大功率的轮机就向美国、英国和意大利提出购买技术和舰用设备的要求。这些国家或拒绝或漫天要价，让苏联无法接受，只有希特勒出于迷惑对手的目的表示愿出售海军装备，还出售了一艘未完工的重巡洋舰。德国出售的军舰尚未竣工，希特勒便对苏开战，此时苏联刚开工的3艘战列舰都只在船台上造好舰壳，有的还在战时拆毁回炉炼钢。

第二次世界大战期间苏联海军因装备落后而战绩不佳，这也证明了想超出国力或依赖他国机件来建设强大舰队是不现实的。

日俄战争前，日本近代冶金和机械工业仍比较薄弱，铁甲舰还靠从英国、意大利进口，只能自制部分巡洋舰（仍需进口部件），财力又不足。在一年半的日俄战争中，日

日本从英国购买的“金刚”级战列舰的首舰侧视图。

本耗费17亿日元（当时相当于13亿两白银），倾政府财政积蓄，再加上募集4.8亿日元国内公债只解决了一半，另外8亿日元靠向美英借贷。看到遏制俄国向东扩张的目的达到，美英就不肯再贷款，日本虽获胜也只得议和。日俄谈判时，俄国坚持“一个戈比也不赔，否则就再打”，日方只好放弃勒索12亿日元赔款的要求，这也是由于日本财力无法支持再战的结果。

日俄战争结束后，日本决定军舰立足于国产，发展造船业时实行军民结合。看到英国造出世界上最先进的无畏舰后，日本先采购一艘战列巡洋舰，1913年该舰在英国建好后开回日本命名为“金刚”号，再通过进口一些设备仿建3艘，并大部分使用国产部件。第一次世界大战爆发后欧洲急需船只，日本利用这一机会大力发展民船建造，至1918年成为仅次于美国、英国的世界第三大造船国，且因人力便宜使船价较低。靠出口民船赢利，日本在第一次世界大战结束前后又建造了6艘战列舰，1920年完工的排水量3.2万吨的“长门”号战列舰就基本实现了机件国产化，完成了“进口—仿造—自行研制”的进程。

描绘1905年对马海战中的俄国舰队覆没的水彩画，其惨败也在于军舰性能落后和水兵技术水平低。

1922年，日本海军吨位同美英比为3：5：5，但同年各国钢产量美国有4800万吨，英国为700万吨，日本只有81万吨。日本感到国内经济不足以保障其称霸，被刺激起疯狂的扩张欲望，“帝国海军”在脆弱基础上的膨胀也预示着其必定覆没。

日本制造的“长门”号战列舰（左）和同级的“陆奥”号战列舰，在“大和”号建成前这级战列舰是日本最大的军舰。

英国经济地位下降使其“海上霸主”地位丧失

英国在16世纪末之后的300年间能称霸海洋，是以经济和工业实力为基础的。在早期资本主义即工场手工业阶段，英国火炮制造水平就超过当时的“海上霸主”西班牙，在1588年打败“无敌舰队”。17世纪英国同荷兰进行长期海

描绘英国走向海洋和工业化的油画，1880年以前的2个多世纪英国的工业产值都居世界第一，从而稳居“海上霸主”地位。

描绘美、英、德、法、日展开建造军舰竞赛的漫画。

上战争能获胜，也是靠经济实力和制造业水平压倒了只注重商贸的荷兰。1784年英国人瓦特改良蒸汽机标志着工业革命开始，19世纪初英国使用蒸汽动力的工厂超过其他西欧国家的总和，这成为击败拿破仑的物质基础。

1850年是英国工业的鼎盛期，其铁产量超过了世界上所有国家铁产量的总和，机织棉布产量占全球一半以上。英国工业化领先世界，保障了军舰质量最好，在数量和吨位上也保持"双强标准"，即世界上任何其他两个强国海军的总和也不能超过自己。

进入19世纪后期，英国资产阶级因"食利"性日益增长，注重海外投资谋利，本国技术创新积极性下降。1880年美国工业产值超过英国而居世界第一，1905年德国又跃居世界第二。德国建造铁甲舰的水平，在1880年以后也逐渐赶上英国，并在中国等海外市场展开竞争。进入20世纪后，英制军舰虽然在燃油动力方面仍保持着领先地位，舰炮的观测控制系统和装甲钢水平却已经被德国赶上甚至有所超过，因此在1916年日德兰海上决战时英舰的损失就大大高于德舰。

在第一次世界大战前，美国有"商贸资本主义"的特点，经济发展偏重广阔的国内市场和美洲市场，不过在19世纪末已注重发展海军，并有最雄厚的经济潜力作为基础，从表3就可看出在第一次世界大战和第二次世界大战期间美国经济实力的优势地位。

表3　美、英、法、德、日工业生产所占资本主义世界的比重表

年份	美国	英国	法国	德国	日本
1900年	31%	18%	7%	16%	1%
1910年	35%	14%	7%	16%	1%
1920年	47%	14%	5%	9%	2%
1930年	42%	10%	8%	11%	3%
1937年	42%	11%	5%	12%	4%

美国的科技水平在19世纪中后期也跃居于世界前列，电报、电话、潜水艇、飞机等都是美国人发明的，1910年钢产量超过英、法、德三国的总和。1914年第一次世界大战爆发时，美国虽保持中立，却积极发展海军舰队，在1917年参战时已有33艘战列舰（17艘属于新型无畏舰），参战后1年多时间内又建造了16艘新型战列舰。

1918年大战以英美法等组成的协约国战胜德奥而结束，英国海军粉碎了主要的竞争对手德国海军，美国海军实力却跃升到与之比肩的地位。此时英国本土的工业产值不及美国的30%，加上加拿大、澳大利亚等海外领地的总量也只相当于美国的一半，再不能同美国竞赛。在1922年的《华盛顿海军条约》中，英国承认其舰队规模同美国相等，过去的海军“头强”只能承认“双强”。

第一次世界大战成为大英帝国走向衰落的转折点，其国内工业一蹶不振，属地和殖民地又掀起了独立和民族解放运动，恢复起来的德国和新兴苏联的工业产值随后都超过了英国。1936年以后英国重整军备，却因财政困难侧重发展空军，海军难以增加多少军费，除维持130万吨位的舰队只能再建造5艘3.5万吨级的战列舰和2艘2.3万吨级的航空母舰，结果战列舰性能不及德国的“俾斯麦”级，航空母舰的数量也少于日本。德日法西斯正是看到英国的衰落和美国的孤立主义态度，才敢于发动第二次世界大战。

美国战列舰的数量、质量在1918年已赶上英国，这是刚服役的“亚利桑那”号在纽约港内巡游的照片。

表现1940年以后，英国不得不用美国提供的驱逐舰来掩护船队冒着德军轰炸航行的画面。

1940年6月法国向德国投降，英军退守本土，面对德国的空军轰炸和潜艇封锁，只得向美国请求支援舰艇。美国的援助却不是免费的午餐，除了要英国提供一年来在海战中所取得的经验、情报以及雷达等先进技术外，还向其索要海外基地。1940年9月2日双方签约，英国将其在西大西洋的众多海空军基地交给美国，换取了美国50艘超龄服役的旧驱逐舰。国际上普遍认为，此举意味着英国将持续了近300年的“世界海上霸主”的地位交给了美国，全球经济霸主就此正式变成了海上头强。

表现美国战时海军发展的题为《海军日》的宣传画，画面显示了美国超强的造舰能力。

工业和科技实力使美国称霸大洋

工业化时代国家实力的主要标志是钢铁、煤炭产量和发电量，这些也是海军舰艇建造的基础。1939年即第二次世界大战爆发前，美国国内有强烈的不愿参与欧亚战事的孤立主义思潮，国会不能通过加强军备的议案。同年美国的国民生产总值达912亿美元，军费只有12亿美元，在维持143万吨位的海军之外难以大造新舰。这一年日本的国民生产总值不过330亿日元（折合120亿美元），军费却高达65亿日元（相当于23亿美元），扣除侵华战费外，其海军建设费也接近美国。

第二次世界大战的爆发对美国产生很大冲击，罗斯福总统提出应准备对德国和日本的战争，扩军和造舰的计划才得到国会通过。从表4又可看出，此时美国在世界上有超强的工业实力和必要的人力资源，这决定了其发展军备有着最雄厚的基础。

表4　1939年世界主要强国的工业产量和人口

	钢产量	煤产量	发电量	人口
美国	4790万吨	4.3亿吨	1613亿度	1.32亿
英国	1340万吨	2.3亿吨	390亿度	4500万
法国	795万吨	1.3亿吨	219亿度	4200万
苏联	1800万吨	1.7亿吨	430亿度	1.7亿
德国	2370万吨	3.4亿吨	640亿度	7900万
日本	670万吨	（主要靠进口）	330亿度	7200万

从1940年开始，美国针对海上的主要威胁日本（德、意海军主要由英国对付），开始实行建造大舰计划，军费开支迅速提升到100亿美元以上。同年美国开始建造4艘排水量4.6万吨的“依阿华”级战列舰单价7500万美元；开工建造的11艘排水量2.7万吨的“埃塞克斯”级航空母舰单价3500万美元（加上舰载机则要翻倍），大批建造的9000吨排水量的“奥马哈”级轻巡洋舰单价810万美元。翌年太平洋战争爆发，美国军费开支大幅飙升，至1944年超过800亿美元，年度制造舰费都在100亿美元以上，这超过当时世界上其他所有国家制造军舰费用的总和。

表现日本航母“信浓”号在试航时被潜艇发射的鱼雷击沉的画面。

20世纪30年代末，日本将国民总值的1/5和政府财政支出中的1/2都用于军费，其中大部又耗费于侵华陆战和同苏联的军事对峙，1940年能拨给海军的造舰费不过10亿日元（折合3.5亿美元）。排水量6.4万吨的“大和”级战列舰单价达1.8亿日元，排水量2.6万吨的“翔鹤”级航空母舰单价8400万日元，这对日本已是沉重负担。“大和”级战列舰只建成2艘，预定所建第3艘改建成航母“信浓”号又在试航时便被潜艇击沉。“翔鹤”级作为太平洋战争爆发时最新的航母，因财力所限只能建造2艘。日本选择在1941年12月对美开战，重要原因也是想抢在美国造舰的大计划完工前，越拖延时间就越没有获胜希望。

日本偷袭珍珠港使美军太平洋舰队损失了8艘战列舰，却刺激起美国人将原有的经济和科技实力转化为军力。美国社会看似散漫，却有很强的管理能力，只是因过去长期和平主义观念严重使“民转军”耗费了相当长的一段时间。过去世界上建造2万吨以上的航空母舰通常需要4年，美国自1942年以后建造“埃塞克斯”级航母的单艘工期却缩短到14～16个月。为加快进度，美国采取标准化方式，按统一设计方案交各工厂分头生产部件，造船厂能够采用流水线作业组装。由于钢型和钢板、设备、机械及武器都实行了高度标准化，建造周期大为缩短。

战前美国年产货轮不到100万吨，战争爆发后美国造船采取新方式，将预制件进行流水线生产，再送到船厂总装车间，由数千铆工不分昼夜轮班将预制部件铆在一起，如“罗伯特·皮尔里”号万吨轮仅4天15个小时就建成下水，此时船身油漆都没干，这一纪录直至今日都未被打破过。在3年多的时间里，美国18个造船厂建造了2751艘“自由轮”，最快平均7天下水1艘。1943年美国造船量超过1500万吨，是德、意、日三国造船量总和的10多倍。

表现美国大量建造的“自由轮”进入日机轰炸下的前线运输的画面。

在大量生产舰船、军用车辆的需求刺激下，美国钢铁工业在战时也得到迅速发展，从战前每年5000万吨左右一举跃升到年产8000万吨。日本钢产量最多不过765万吨。从表5的对比来看，就可知道美国工业生产对日本形成的极大优势。

表5　美日两国在战争期间的钢、船舶产量对比

年份	美国	日本
1942年	7804万吨钢、船800万吨	701万吨钢、船66万吨
1943年	8059万吨钢、船1930万吨	765万吨钢、船106万吨
1944年	8132万吨钢、船1800万吨	672万吨钢、船173万吨
1945年	7230万吨钢、船1000万吨	196万吨钢、船51万吨

1942—1944年，美国把军费近半数，英国把军费的1/3用于海军建设和海战。德国因将主力投入到对苏联的陆战和空战，海军投入在军费总额中的份额却由1940年的12%降到1944年的6%。1944年内，美国海军的军费超过400亿美元，英联邦的海军军费也有100多亿美元，其中有半数用于对德作战。同年德国的海军军费只有20亿美元，仅能重点生产造价低的潜艇。

在时长3年8个月的太平洋战争中，日本建造了85.8万吨作战舰只，而美国建造的战斗舰艇却达到400万吨。海战不仅要拼舰艇数量和吨位，更是质量即技术水平的较量，这方面美军又占极大优势，例如在雷达探测、舰炮精度和装甲钢质量方面都优于日本。

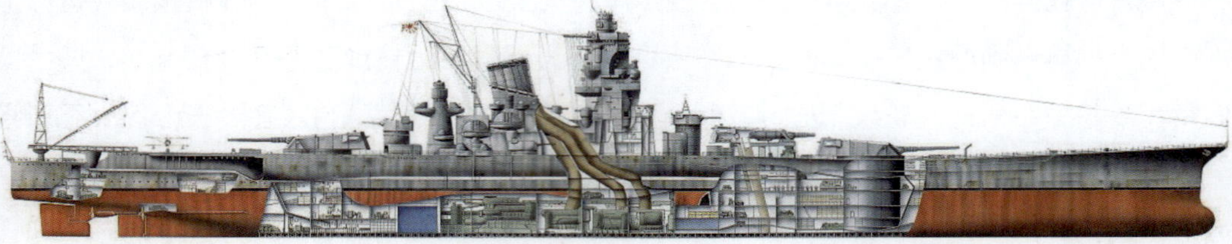

日本"大和"级战列舰的侧面剖面图。

日本人曾以排水量达6.4万吨的当时世界最大军舰"大和"号和"武藏"号战列舰而自豪，后感叹其没有发挥出威力就被美国飞机炸沉。其实，两舰若真同吨位只及自己吨位70%的美国"依阿华"级战列舰做一对一的"单挑"，也很难取胜。"大和"级的装甲要厚一些，火炮口径为460毫米，大于"依阿华"级的406毫米。不过，日本装甲钢的质量不如美国，"大和"级的防护力并不比"依阿华"级强，其460毫米主炮的火控系统较差，射击精度和射速都逊于"依阿华"级的406毫米火炮。由于轮机的差距，"大和"级航速也比"依阿华"级低12%。"大和"级和"武藏"号建成时没有装配雷达，后来只安装了质量较差的对空对海侦察雷达而无炮瞄雷达。"依阿华"级除安装对空对海雷达外又有炮瞄的火控雷达，这使双方的夜战能力形成代差。因此，即使此两级舰白天进行一对一的炮战难料胜负，但夜战胜利者肯定是"依阿华"级。

1945年第二次世界大战结束时，美国已拥有3000万吨民用船舶、1300万吨海军舰艇，这分别占世界总量的50%和70%。日本投降时，只剩110万吨民船和30万吨军舰，且因缺燃油大都难开动。此时英国的大量民用船舶和军用舰艇要靠美国援助，苏联和法国的海上力量经过战争摧残也所剩无多，德国则丧失了全部舰船，美国凭借世界上超强的经济和科技实力成为别人无法比拟的海上霸主。

油画《武藏的末日》，表现了这艘"大和"号战列舰被美机炸沉前的情景。

这是描绘美国从1940年开始建造的"依阿华"级战列舰的油画。它是美国最后建造的一款战列舰，该级的"密苏里"号又是结束大战的签约处。

第玖章

冷战时出现海军竞争却只有小海战

第二次世界大战结束后，以美苏为代表的两大阵营开始了长达40多年的冷战，双方发展海军积极备战，却最终相互间没有发生海战。这一时期国际上发生了一些局部战争，出现了一些小规模海上交锋，只有1982年英国与阿根廷争夺马尔维纳斯群岛的海战影响最大。冷战走向结束和信息化时代的到来，使海军建设和海战具有了全新特点。

“二战”结束后美军退役的大量军舰停留在港内的历史照片。从中可看到6艘“埃塞克斯”级航空母舰。

冷战时期海军发展出现“两强”竞赛

第二次世界大战结束时，美国有了海上的超强地位，加上垄断了原子弹，自认为任何国家都不敢向自己挑战。战后几年间，美国大幅裁减军备，只留下3艘“中途岛”级和10艘“埃塞克斯”级航空母舰作为舰队骨干，多数战舰或拆毁或封存备用。

1950年朝鲜战争爆发之后，美国恢复建造新舰，长期使舰艇年产量保持在20万吨左右。20世纪60—80年代，美国海军舰艇都在400万吨位以上。进入新世纪后，美军仍保持着300万吨位的舰艇，数量和质量稳居世界头强。

利用核工业的领先地位，1954年1月21日美国建成世界上第一艘核潜艇——“鹦鹉螺”号，标志着海军从此进入核时代。核动力赋予了潜艇几乎无限的水下续航力，根本不用浮上水面开动柴油机为电池充电，终于从过去事实上的“凫水”艇成为真正意义上的“潜水”艇，其水下航速也提升了几倍，核潜艇随之成为现代化海军的支柱作战力量之一。

1961年美国建成第一艘核动力航空母舰“企业”号，排水量近9万吨，成为世界最大的军舰。因使用原子反应堆的核能驱动，该舰长时间能以30节以上的航速持续航行（这超出燃油驱动的军舰1倍），加一次核燃料又能航行40万海里，相当于绕地球13圈。这种性能，使美国海军在全球具有“有事就可迅速到达”这一别国都不具备的能力。2009年美军让“小鹰”级常规动力航空母舰退役后，海军保持的10艘航空母舰都是核动力。

美国在1954年建成的世界上第一艘核潜艇“鹦鹉螺”号。

从20世纪40年代末至80年代末，美国海军同苏联只发生过“我舰奉命撞击你舰”的海上碰撞，因发生核大战的毁灭威胁使双方未引发大战。在朝鲜战争、越南战争和海湾战争中，美国海军几乎没有遇到能与之对抗的海上对手，只负责掩护登陆和撤退，或以舰载机、舰炮支援地面战，从而出现了“舰艇对陆作战”的新战略。

第二次世界大战结束时，因苏联水兵大都上陆或在海边作战而成了“岸上海军”。战后斯大林认为本国强大的陆军已没有对手，要求重点发展核武器和海军。他于1947年下令启动被战争打断的“大舰队计划”，包括建造7.2万吨级的战列舰，后因苏联经济实力远逊于西方而进展缓慢。1953年斯大林去世，两年后赫鲁晓夫下令停止“大舰队计划”，并批评说：“1955年以前我国海军患了对过去战争的怀乡病——我们建造了我们1941年想要的那些战舰。”

从1956年起，苏军近400艘军舰在几年内退役，装备导弹的中轻型舰艇、潜艇和海军航空兵（从陆上机场起飞）这三者是海军建设的重点。这一发展思路也使苏联海军缺乏远海行动能力，如1962年古巴导弹危机时只能派潜艇前往，在美国强大的反潜力量面前根本不可能突破封锁。

从1955年至1984年一直担任苏联海军总司令的戈尔什科夫元帅，就不赞成赫鲁晓夫否定大舰的主张，提出了均衡发展海军概念。1964年勃列日涅夫成为苏联领导人后，同意了这一建设思想，苏联在建造世界上最多的核潜艇（平均每年2~3艘）时，也建造几万吨位的载机巡洋舰、大型远洋驱逐舰，并从20世纪70年代末开始发展航空母舰。此时的苏联海军，已从近海防御转变为能实施远洋作战的海军，除航空母舰外的其他舰艇基本能与美国海军抗衡。

描绘斯大林视察海军的油画。

1968年2月23日的《时代》期刊封面人物是苏联海军元帅戈尔什科夫。

至20世纪80年代后期，苏联海军已拥有舰船2100多艘，总排水量360余万吨，潜射核导弹近1000枚。不过苏联在经济总量只达美国一半的情况下，采取这种耗资巨大的军备竞赛，也造成了灾难性后果，至80年代末国家财力就难以支撑海军建设。1991年苏联瓦解后，继承了苏联90%以上舰艇的俄罗斯没有能够再新建万吨以上的大舰，又逐渐淘汰旧舰，进入新世纪后海军舰艇总吨位降到只有100多万吨。

“二战”结束后，“大英帝国”走向衰落，原有海外领地加拿大、澳大利亚独立，殖民地解放运动兴起，导致其财力远非昔比。战争结束时的这个世界海军第二强国，在50年代中期发展航空母舰时仍有一些突破，如发明“三神器”——斜角甲板、光学助降镜和蒸汽弹射器，英军舰载机还先于美国进入喷气时代，却改变不了海军规模日益缩小的局面。

从40年代末起，英国有战功的战舰开始被拆毁或出售，至1960年最后一艘战列舰“前卫”号拆毁，这个舰种在皇家海军中从此消失。60年代初英国海军仍抱着“世界海军”的幻想，维持着包括7艘航母、10艘巡洋舰在内的400余艘舰艇的规模，还在美国的支持下建造了战略导弹核潜艇。随后由于无法承受现代海军高昂的发展成本，加上大片海外基地丧失，英国在20世纪70年代中期从苏伊士运河以东全面撤退，皇家海军变为区域性海军，在国际上不得不跟随美军。英国最后一艘传统的大型航空母舰“皇家方舟”号也在1978年退役，只剩下2艘仅能使用垂直起降飞机的轻型航母，皇军海军以护卫舰作为主要舰种。

“二战”结束时，法国只剩下1艘战列舰，战后决定不依赖他国独立建设海军。50年代后期，法国开工建造了2艘排水量2.7万吨的“克莱蒙梭”级航空母舰，60年代后期建成弹道导弹核潜艇，80年代末又开工建造排水量3.5万吨核动力航空母舰“戴高乐”号，当时成为仅次于美、苏的世界海军第三强国。冷战结束后，法国海军虽缩小了规模，但仍保持40万吨位的舰艇。

日本战败时丧失了海军，1954年重建海上自卫队，却一直全面依靠美军。日本重点发展驱逐舰和潜艇，主要任务是战时封锁苏联和中国的潜艇，反潜和扫雷水平比较高。冷战结束后，日本又发展远洋作战能

法国3万吨级的“戴高乐”号航母（左）同美国9万吨级的“艾森豪威尔”号同泊一处的对比照片。

力，至2011年舰艇有143艘，总排水量达到45万吨。

战后德国分裂，联邦德国海军作为北约海上力量的一部分发展，只承担近海防御任务，成为“护卫舰海军”，主要装备护卫舰和潜艇。不过联邦德国（包括后来统一后的德国）的潜艇发展有雄厚的技术基础，70年代以后建造的209型潜艇成为西方阵营技术最先进、外销量最大的常规潜艇。

20世纪90年代初冷战结束，美苏海军的竞赛也停止，俄罗斯海军出现“断崖”式衰落。进入新世纪之后，中国的崛起又改变了世界海上力量的格局。

反舰导弹的出现使海战进入新时代

冷战开始后，美军一直以航母为海军建设的头号重点，舰队主要部署在两个方向——在北大西洋和地中海方向针对苏联实施威慑，在太平洋西部沿日本到菲律宾形成对付中国和苏联的“岛链防线”。

苏联在20世纪50年代建造的火炮巡洋舰被赫鲁晓夫视为无用之物。

在朝鲜战争和越南战争期间，美国启封了4艘“依阿华”级战列舰用于对岸火力攻击平台而非进行海战，从1952年起陆续建造一批6万吨的“福莱斯特”级航空母舰。其作战思路是以舰载机载弹攻击苏联阵营的军舰及地面目标，对反舰导弹一类新武器并不重视。

斯大林在战后曾想建造以战列舰、重巡洋舰为主的大舰队，一些苏联海军将领却从“俾斯麦”号、“大和”号等战列舰覆没的事例中认识到：在敌方猛烈的空中攻击下大型军舰难以生存。斯大林去世后，赫鲁晓夫就抱怨战列舰、重巡洋舰只是“海上浮动铁棺材”，甚至想拆毁已建成的14艘排水量1.5万吨的“斯维尔德洛夫”级重巡洋舰。由于苏军的航空兵弱于美军，虽生产了大量潜艇却主要用于攻击运输船，想有效攻击美舰只能寻找“不对称武器”。

战后苏联发展了多种鱼雷艇，想“以小击大”。不过苏军一些海军将领也感叹道，

海军老画家艾民有创作的著名油画《击沉太平号》，表现了解放军海军使用苏制K-123鱼雷艇击沉“太平”号的场面。

P-15即“冥河”式反舰导弹是苏联研制的一种近程亚音速反舰导弹，射程超过40公里，全弹重2.5吨。

不久前时速几百公里的“神风”特攻机面对拦截火力都很难接近美舰，时速不到100公里（45~50节）的鱼雷艇攻击航母编队又能有多少希望呢？

战后使用苏制鱼雷艇攻击敌舰时，只有中国人民解放军的海军取得过成功。1954年11月14日，解放军海军6艘苏制鱼雷艇根据雷达发现的目标在黑暗中出击，在对手未发觉时击沉国民党海军排水量1430吨的“太平”号护航驱逐舰。后来解放军的鱼雷艇在大陈岛、金门等处也击沉过炮舰和运输舰，却都是在夜间袭击，所攻击目标的防护火力也都不强。

鱼雷因受水的阻力，其最高航速只有50多节（每秒不超过30米），随着舰载雷达探测技术日益提升，鱼雷艇想接近军舰就愈来愈困难，“以小击大”的最好办法是采用速度超过鱼雷至少10倍的反舰导弹。追溯起来，世界上最早的反舰导弹是德国在“二战”末期研制的Hs-292反舰导弹，其从轰炸机上发射，以火箭发动机驱动，采用半穿甲爆破型战斗部，1944年末投入实战后击沉过多艘盟军运输船，不过其技术还不成熟。战后苏联利用缴获的德国资料研制本国的反舰导弹，1955年赫鲁晓夫罢免了主张发展大型军舰的海军总司令库兹涅佐夫元帅后，又对反舰导弹的研究大力支持。他还强调说：“廉价的导弹能使美国人花费巨大投资建立的作战体系变成废铁。”

1957年，苏联第一种实用反舰导弹P-15试射成功，被人称为“冥河”式。其最大射程42公里，弹重2.5吨，飞行速度0.8马赫（每秒272米），发射后可以自动寻获目标。它的外形像一只蚕，因此也被称为“蚕”式导弹。由于导弹快艇的雷达截面积相当小，苏军相信在其被对方探测到的15分钟前，快艇的雷达就可探测到大舰，从接近到发射只需要75~100秒，体积很大的军舰没有反应过来就可能被导弹击中。若是使用鱼雷快艇在此

描绘“蚊子”级导弹艇发射P-15(“冥河”式)导弹的画面。

距离攻击大舰，则要45分钟才能达到发射距离，早就会被发现并遭拦截。

1959年苏联将P6鱼雷艇上的鱼雷改换为P-15反舰导弹，制成世界上最早的导弹艇。同年，苏联对中国提供P-15反舰导弹样品和技术资料，作为快艇和驱逐舰、护卫舰的武器，此后解放军海军也逐步以导弹艇替换鱼雷艇。进入20世纪60年代后，埃及、叙利亚、古巴等国看到导弹艇具有吨位小、速度快、造价低、威力大、制造和维护保养方便等优点，纷纷向苏联购买。西方国家却对这种“蚊子”艇的效能表示怀疑，认为其只不过是“穷国的武器”。

1967年10月21日，以色列排水量1700吨的英制“埃拉特”号驱逐舰在巡逻中闯入了埃及领海。埃及海军雷达发现后立即派出3艘“蚊子”级导弹艇，在距离“埃拉特”号11海里处向其发射了2枚P-15（“冥河”式）导弹，由制导系统操控准确命中目标。被击中的“埃拉特”号舰体逐渐倾斜，在以色列官兵全力抢修时，再次袭来的2枚导弹便将其送进海底。

“埃拉特”号的沉没，向世界首次展示了导弹艇也具备战列舰级别的火力输出，火炮时代实

被P-15导弹击沉的以色列海军的“埃拉特”号驱逐舰的照片。

表现苏联“现代”级导弹驱逐舰发射反舰导弹的油画。

现不了的“小艇打大炮”在导弹时代却得以实现。当时担任苏联海军总司令的戈尔什科夫元帅就强调反舰导弹的作用是“我们以极低的成本，却能使美国付出高昂代价”。从此西方国家海军也将其视为海战最有力的武器，在舰艇上纷纷安装，军舰上保留的舰炮主要用于对陆上或空中目标射击，海军自此进入导弹时代。

P-15反舰导弹击沉以色列驱逐舰后，苏联工程师认为其最大42公里射程还是不足以对付航空母舰，因为航母编队的外层防护圈不会让导弹艇接近到这个距离。想有效打击航母等大舰，反舰导弹射程要足够远，甚至能超越航母舰载机的航程，这样发射导弹才能“制敌于矛长以外”。以当时的科技水平，使巡航导弹射至300~500公里并不难，要让它准确击中海上随时移动的目标却非易事。为此，苏联设计了一套导弹发射系统，包括直升机卫星中继制导，以及“高—低”弹道，让导弹发射出去后快速爬至高空，再由弹上装载的雷达开机甄选目标攻击。

为对抗舰上的各种拦截，苏联又采取了反舰导弹“多箭齐发”等方式，如“光荣”级巡洋舰就有16具发射管，以密集发射让对手防不胜防。这时苏联海军在优先发展潜艇特别是弹道导弹核潜艇的同时，主要任务就是“大规模地建设强大的远洋导弹舰队”。自20世纪70年代之后，苏联海军发展的排水量7000吨的“现代”级导弹驱逐舰被称为“航母杀手”，排水量2万吨的“基洛夫”级导弹巡洋舰被称为“导弹时代的战列舰”。苏军水面舰队几乎就相当于一支反舰导弹舰队，能在几百公里外有效打击美军的航母编队，只是最终没有实战检验的机会。

信息领域的较量决定海战胜负

进入20世纪70年代后，世界上一些局部战争出现海战时，反舰导弹都成了主要攻击武器。电子信息领域的较量，在导弹战中又起到决定作用。

1971年11月第三次印巴战争爆发，印度使用购买的苏联“黄蜂”导弹艇（由“蚊子”艇改进）封锁了巴基斯坦的主要港口卡拉奇，发射的导弹不仅击毁了多艘舰船，还打击了岸上目标，首开舰上导弹攻岸的纪录。

美国海军在20世纪60年代研发出一种“鱼叉”式反舰导弹，进入70年代后全面装备到军舰、攻击机和潜艇上。1977年以后，美国开发了“提康德罗加”级导弹巡洋舰，相继建造了27艘，成为其海军水面舰队的主力之一。

以色列因同美国有特殊关系而得到导弹技术援助，不过，因国家小、财力有限而难以购买大型军舰，便将本国开发的“迦伯列”导弹装在快艇上。该导弹采用比“冥河”式导弹更加精确的雷达导引头半主动制导，抗干扰能力更强。

表现美国“提康德罗加”级导弹巡洋舰出海的油画。

埃及海军“蚊子”级导弹艇的照片，该艇创造过以导弹击沉军舰的纪录，却在同以色列导弹艇交锋时表现不佳。

英国轻型航母上起飞的“海鹞”垂直起降战斗机是舰队护航和对岛攻击的核心力量。

1973年10月6日，即第四次中东战争爆发当天，以色列就出动5艘导弹艇驶入叙利亚领海寻机攻击。叙利亚海军立即派出3艘导弹艇迎敌，并发射7枚“冥河”式导弹。这种导弹时速为0.8马赫，与亚音速战斗机相仿，很快被以色列雷达探测到。以军马上向来袭方向发射锡箔火箭弹，闪闪发亮的锡箔形成的一片金属箔条网干扰了“冥河”导弹的制导雷达，使其纷纷偏离预定目标。躲过攻击后，以色列导弹艇迅速发射“迦伯列”导弹，随着一连数声巨响，3艘叙利亚导弹艇转瞬间葬身海底。

10月8日，以色列海军又以6艘导弹艇拦截4艘埃及导弹艇。双方雷达在相距30海里时几乎同时发现了对方。埃及导弹艇率先发射了12枚“冥河”式导弹，以色列导弹艇迅速散开并启动电子干扰器，“冥河”式导弹遭到电波干扰后制导信号混乱，纷纷扑空落入大海。随后以色列发射了“迦伯列”导弹，击沉了3艘正在撤退的埃及导弹艇。

在第四次中东战争的海上导弹战中，以色列利用锡箔火箭弹和强大的电子干扰技术，使得埃及和叙利亚导弹艇发射的几十枚导弹无一命中目标，以军导弹却击沉和击伤了11艘埃及和叙利亚的导弹艇。这一战例不仅进一步确立了反舰导弹在现代海战中的地位，也让世人认识到导弹进行的海战胜负更依赖于电子信息对抗。

阿根廷的“超级军旗”式攻击机击沉“谢菲尔德”号的画面。

1982年4~6月，英国同阿根廷为争夺南大西洋上的马尔维纳斯群岛（英国称为福克兰群岛）发生战争，该战被称为马岛海战。此前英国海军裁减到只剩2艘排水量不到2万吨的轻型航空母舰，还准备出售给印度和澳大利亚，幸亏尚未落实时发生了战争，英军还有海上浮动机场可用。靠着这2艘轻型航母上所载的28架“海鹞”式战斗机，英军掌握了马岛海域的制空权，保障了夺岛成功，这也证明了轻型航母仍有实战价值。

英国在马岛海战中的主力“无敌”级轻型航空母舰的照片。

经万里远航的英国特混舰队到达马岛海域后，先以核潜艇的自导鱼雷击沉阿根廷一艘巡洋舰，迫使阿根廷海军缩回港内不敢出战。阿根廷空军却集中飞机打击英舰队，从而上演了一场机载导弹攻舰大战。

5月4日，阿根廷空军“超级军旗”式战斗机用法国制造的“飞鱼”导弹击沉了英军“谢菲尔德”号

表现马岛海战中阿根廷“超级军旗”攻击机向英舰发射“飞鱼”导弹的油画。

驱逐舰，首创空舰导弹击沉大型战舰的战例。一枚价值仅30万美元的“飞鱼”导弹，就能一举击沉价值1亿美元，号称当时英国最现代化的驱逐舰，当即震惊了世界。

“飞鱼”反舰导弹实施的这次攻击，是精确制导武器的一次实战检验。制导武器从发现目标到完成攻击的过程，都由攻击飞机所载精确制导系统在近百公里外由雷达控制。这种“超视距作战”，对电子、信息装备提出了很高要求，并说明舰队反导已成为海战头号难题。

令英国人庆幸的是，阿根廷只有5枚“飞鱼”导弹，用完后只能让攻击机以传统的投掷炸弹攻舰，总计击沉了英军舰船5艘、击伤4艘，这使英特混舰队一时面临极大危机。不过英军2艘航母所载的战机掌握了海域制空权，特别是“海鹞”式垂直起降战斗机使用了美国最新装备的AIM-9L“响尾蛇”空对空导弹，加上英舰有良好的雷达预警系统，

阿根廷的飞机翼下挂“飞鱼”反舰导弹的照片。

美国卫星又及时提供阿根廷飞机的起飞信息，使阿根廷飞机接近英国舰队前大都遭受到“海鹞”式战斗机拦截。英机发射的27枚由美国提供的“响尾蛇”空对空导弹，竟有24枚命中，击落阿机21架，阿机在空战中却连一架英军的“海鹞”式战斗机都没有击落。英国陆军在有力的海空支援下登陆，迫使孤立无援的阿根廷守岛军队投降。

表现马岛海战中英军“海鹞”战斗机用“响尾蛇”导弹击落阿根廷飞机的画面。

马岛海战被称为“导弹时代的首次战斗”，双方在海空战斗中大量使用各类战术导弹、制导鱼雷和激光制导炸弹（使用精确制导武器有17种之多）。阿根廷以“飞鱼”导弹打击英舰的成功，使美国军方意识到当时的防空手段难以对付反舰导弹，为此催生了著名的宙斯盾系统。

通过马岛海战，国际军界除进一步感到掌握制海权要靠制空权（此点“二战”中便得到共识）之外，还认识到制电磁权决定海空战的结局，制电磁权又在于制外

表现英舰发射6联装“海狼”型舰空导弹防空的油画。马岛海战也被称为“导弹战”。

层空间权，卫星侦察在此发挥了重大作用。英军的胜利在于自身实力和信息获得能力强，当然这也包括美国等盟国的协助，达到了战场对自己“透明”。阿根廷方面没有卫星、预警机等，其他侦察手段也落后，经常如聋似瞎，其飞行员虽攻击勇猛却改变不了大局。

英、阿马岛海战规模不大，双方军人死亡都不过几百人，对世界军界却影响巨大，从某种意义上可谓揭开了信息化战争的序幕。美国特别注意总结了这场战争的经验，在国际上率先开展了全面的新军事变革，其核心就是实现军队的信息化。

1991年海湾战争期间，美军以卫星、预警机和无人机严密监控了伊拉克地面部队、机场和海军基地，几乎能达到“露头就打”“发现即摧毁”的效果。伊拉克海军所拥有的少量导弹艇、炮艇和巡逻艇，开战后马上被美军从空中和战舰上发射的反舰导弹全部摧毁。伊军从陆上发射的“蚕”式反舰导弹，都被雷达迅速发现并遭干扰拦截，无一击中美军舰艇。这一事例又表明，现代战争进入信息化时代后，海战胜负的关键不仅在于制空权，还在于制信息权。

冷战结束后，世界上基本未发生海战，不过军事信息化的大潮仍推动海军装备不断发展。航空母舰仍是海上霸主，潜艇特别是核潜艇又是最有力的攻击武器，新型武库舰也已出现，在传统的载人舰艇外又出现了无人舰艇，舰载激光武器系统等新概念武器开始安装到战舰上。将来的海战如何打？这完全由战时的科技水平决定。

科学技术是第一生产力，也是第一战斗力，这在海战中体现得尤其明显。

表现核潜艇巡弋大洋的油画。

结尾

爱海洋、学海战，从海路走向世界

海军画家张庆涛的油画《上南沙》，表现了解放军官兵登上南沙岛礁，保卫海洋国土的场面。

看惯了刀光剑影，远离了鼓角争鸣。虽然人类已进入了以和平与发展为主旋律的时代，但关心国家命运的有识者仍关注海洋、海军和海战。

经历了近代几百年的征战和众多国际协定，如今世界各国疆界早已划定并难以改变，可谓没有“公陆”，却还有“公海”可争。发展海军和考虑今后的海战，仍然是世界各海洋国家军队建设的一个重点。了解历史上的海战，才能瞄准波诡云谲的未来战场，也才能为今后的强国强军提供借鉴。

从地中海上古代桨船舰队的殊死搏杀，到近代风帆舰队在全球海域的激烈角逐，再到蒸汽战舰的铁甲巨炮大海战，又到由航空母舰超越视距展开远程海空交锋，世界海战史上书写出恢宏篇章。通过海战不断进化的军舰，又在人类历史长河里留下了一道道传奇航迹，也决定了不同时代的大国兴衰。

海军画家周补田的这幅油画描绘了郑和率舰队下西洋的场面。

有着悠久农耕文明传统的中国人讲起海战，往往会自感不像陆战那样有太多可谈的内容。生活在地球上的“世界岛”也就是欧亚大陆上的一些陆上大国起初大都不重视海战，他们军事行动的目标是控制广阔的地面疆土。虽然考古发现证明，中国东部沿海在夏商之前就有过频繁的海上航行，不过华夏大地上的封建王朝一直“重陆轻海”，史册上对海战的记载更是稀若晨星。

当然，一些从大陆起家的扩张性大国到了鼎盛期，还是会重视海战并建立海军，如古代波斯帝国、蒙古帝国、奥斯曼帝国和近代的俄罗斯帝国都是如此。中国宋明两朝也建立过当时世界上堪称强大的远海水军，曾由郑和统领下西洋（印度洋）炫耀朝廷之威，还以击败荷兰舰队开创了东方民族在海上打败西方人的纪录，海上军事力量却对国家经济发展未起到太大作用。除了宋朝注重海上贸易获得过清末之前历朝最高的税收外，其他朝代都只关心田地贡赋而重农抑商，这样建立的水军同贸易无关，便只有投入而无产出。朝廷对这种赔钱的项目不会长久有兴趣，明朝中叶后的废远航和清朝的禁海锁国政策实行的深层次原因都在于此。

从社会基础看，封建王朝倡导的“崇本抑末”形成的封闭保守，以及小农经济安土重迁的观念，都阻滞了中国航海事业拓展。相比之下，西方从腓尼基人、古希腊雅典人开始，就把海战同商贸相结合，最早以海盗为基础建立的大英帝国海军更是伴随着海外贸易殖民，国愈富海军愈强。

在近代世界版图上，自15世纪地理大发现之后，美洲、澳大利亚等蛮荒却辽阔富饶之地尽被欧洲移民占据，人多地少的中国人却困守内陆，鸦片战争后在海上入侵者面前还丧失了招架之力。清王朝虽依靠从外国买军舰成立了福建和北洋舰队，战略指导却仍将其当成岸边浮动炮台，从而招致在中法、中日战争时舰队被歼于港口的悲剧。弱小的民国海军更未同外国打过一次海战，抗日战争爆发后所有舰艇都可悲地自沉或被日军航空兵炸沉。近代中国经济极度落后，既因经济科技落后，又因没有海防能力，两者形成恶性循环。

解放初期海军建设的宣传画。

1949年10月中华人民共和国成立，开启了中华民族的伟大复兴。开国大典后不到半个月，毛泽东就在北京召见被任命为海军司令员的萧劲光，特别强调说：“过去我们是有海无防，受人

海军女画家王睿的油画《和平方舟》，表现了中国海军医疗船到非洲为当地人民提供医疗服务的场面。

海军画家周补田的这幅油画，表现了中国海军赴印度洋为商船护航的壮观场面。

欺负，我们把海军搞起来，就不怕帝国主义欺负了。再说，我们要解放台湾，也要有海军。”不过中华人民共和国成立之初国家的建设基点依托陆地，解放军海军建设要求也是近海防御。这一发展模式，在“一穷二白”的状态下起步的同时还保障了国家发展，经济实体一壮大便受到市场和原料不足的两大瓶颈制约。中国改革开放的伟大进程，恰恰是走向世界，也是走向远洋的进程。

如今中国建立起外向型加工经济，经济增长对外贸依存度高达3/4，海洋无形中成了中国这个世界第二大经济体下一步发展的命脉，国家利益也相应地向海外大大拓展，近些年中国的船舶建造吨位已占全球的40%以上。中国在这种形势下发展海军，其使命也发生了转变，即由长期强调的实行“海防”变为捍卫“海权”。进入新世纪后，中国海军已经远航到世界各大洋，海军的医疗船还远航非洲为当地人民服务以履行大国的国际义务。

当近代神州面对主要来自海上的外来侵略时，中国人都期盼能建设一支强大的海军。这一“初心”在现在国家走向繁荣富强的时代才得以实现。现在中国早已由以传统的农业经济为主的国家变成了工业化国家，有位居世界第二的国家财政收入和国防费，具备了建设强大海军的基本条件，这就是我国目前已经掌握的“硬实力”。汲取历史经验，发扬人民解放军的光荣传统，增强战斗精神，又是今天的中国海军具有的“软实力”。

通过研究以往的海战史可以看出，一支强大的海军必须注重平衡发展，既要有头顶的海军航空兵（航空母舰是其基地），又要有海面上配套的大、中、轻型舰艇，水下的潜艇部队，出现空缺就会严重影响战斗力。不同的舰艇各有优势，如果将其与肉食动物类比，航母如同雄狮，巡洋舰如同老虎，驱逐舰则似狼，常规潜艇就像暗中捕食的花豹，吨位更小的护卫舰就像猎犬。要配套地制造各种舰艇，这就要求制造国的工业完整齐备。如今又进入信息化时代，海战将表现为舰艇之间超视距、非接触的较量，今后还会出现无人海上作战平台，交战双方对制信息权的争夺会成为决定战争最终胜负的关键因素。

海战的发展和整个国家的发展一样，关键是迎接挑战、抓住机遇。在近代世界工业化的进程中，中国失之交臂陷入落后挨打的处境，直到新中国成立后才完成了工业的补课；在进入信息化的新时代后，中国却弯道超车抓住机会赢得大发展。自2010年以后，中国已成为仅次于美国的世界第二大经济体，同时也应打造一支在世界上位次相应的海军。中国走向世界的重要标志，就是由以发展内向型经济为主变成建立外向型经济，军事力量也走向远洋，自2008年以后长期派出舰只轮流到印度洋护航便是重要的体现。

2017年6月，中国海军派赴印度洋的第26批护航编队抵达伦敦并驶进泰晤士河，这些制造精良的军舰和先进的装载武器又引起了英国乃至全球媒体的关注。回想近代历史，都是英国海军的“坚船利炮”来华在港口和内河耀武扬威，如今轮到英国人称赞中国军舰，真让人有沧海桑田之感。

中国能在舰艇制造业上取得如此大的进步，自然是得益于改革开放后引进技术和创新发展相结合的发展道路。中国社会制度所保障的举国体制，也有能集中力量办大事的长处。中共十八大以来，以习近平为核心的党中央提出建设海洋强国战略和“21世纪海上丝绸之路”的总体部署，国内有了世界上规模最大的民船制造业，制造军用舰艇自然具备了有利的条件，中国的舰艇也越造越大，越航越远，如国产的“辽宁”号航空母舰也在遨游大洋。

书写海战史，目的是让人懂海军、爱海洋。建设一支强大的海军，就能保障中华民族走向复兴之船在新世纪顺利地扬帆远航。

作者在国产潜艇前的留影。

图书在版编目（CIP）数据

画说海战/徐焰著．—广州：广东经济出版社，2018.5（2022.4重印）
ISBN 978-7-5454-6322-4

Ⅰ.①画… Ⅱ.①徐… Ⅲ.①战舰—世界—青少年读物 Ⅳ.①E925.6-49

中国版本图书馆CIP数据核字（2018）第109577号

责任编辑：刘　倩
责任技编：陆俊帆

画说海战
Huashuo Haizhan

出版人	李　鹏
出　版 发　行	广东经济出版社（广州市环市东路水荫路11号11～12楼）
经　销	全国新华书店
印　刷	广东鹏腾宇文化创新有限公司（珠海市高新区科技九路88号七号厂房）
开　本	787mm×1092mm　1/16
印　张	11
字　数	207千字
版　次	2018年5月第1版
印　次	2022年4月第2次
书　号	ISBN 978-7-5454-6322-4
定　价	48.00元

图书营销中心地址：广州市环市东路水荫路11号11楼
电话：（020）87393830　邮政编码：510075
如发现印装质量问题，影响阅读，请与本社联系
广东经济出版社常年法律顾问：胡志海律师